责任到位才能自动自发

兰涛◎著

RESPONSIBILITY
SYSTEM

中国华侨出版社

图书在版编目(CIP)数据

责任到位才能自动自发 / 兰涛著.—北京：

中国华侨出版社,2013.8

ISBN 978-7-5113-3838-9

Ⅰ.①责… Ⅱ.①兰… Ⅲ.①责任感–通俗读物

Ⅳ.①①B822.9-49

中国版本图书馆 CIP 数据核字(2013)第183391号

责任到位才能自动自发

著　　者 / 兰　涛

责任编辑 / 文　慧

责任校对 / 孙　丽

经　　销 / 新华书店

开　　本 / 870 毫米×1280 毫米　1/32　印张/7　字数/152 千字

印　　刷 / 北京建泰印刷有限公司

版　　次 / 2013 年 10 月第 1 版　2013 年 10 月第 1 次印刷

书　　号 / ISBN 978-7-5113-3838-9

定　　价 / 26.00 元

中国华侨出版社　北京市朝阳区静安里 26 号通成达大厦 3 层　邮编:100028
法律顾问:陈鹰律师事务所
编辑部:(00)64443056　　64443979
发行部:(00)64443051　　传真:(00)64439708
网址:www.oveaschin.com
E-mail:oveaschin@sina.com

现今，面对残酷又激烈的竞争，一个职场中人若要脱颖而出，成为胜利者，就要具备较强的执行力、战斗力和竞争力。执行力就是竞争力，就是能使你从千军万马中突围而出的战斗力。

执行力的大小，决定于责任心的强弱。一个责任心较强的人，往往在工作中能够勇于负责，自动自发，不逃避，不推脱，进而成就超凡的业绩。这样的人才，也更容易得到老板的认可和青睐，能在事业发展中顺风而上。

自动自发，是一种集勤奋、敬业、忠诚于一体的自主能动精神，是真正有效的执行。一旦拥有了这种精神，即使没人要求，没人强迫，也会非常自觉，十分出色地完成工作。

要自动自发，就必须责任到位。一个没有责任心的人，注定做不出成绩。只有责任到位了，才能自动自发，超越自我，创造非凡。

自动自发，就是在责任面前不逃避，不管大事小情，都尽职尽责，时刻以公司目标为己任，以公司利益为中心；在责任面前无借口，只要遇到问题，就勇敢承担，不以任何理由进行推脱；在责任面前忠诚，无论何种境遇，都能付诸全部的精力和智慧。

对工作负责就是对自己负责。责任感和执行力强的员工，往往能够做好每个环节的工作。不论遇到什么样的困难，都要想办法去克服，不找任何借口。如果责任不到位，执行不到位，再完美的策略和计划都将付诸东流。

成功和机遇不可求。如果你总是抱怨工作，又不能勤奋主动，那你只能止步不前。如果你能自动自发、脚踏实地、敢于承担，幸运之神自会垂青于你。

目录
CONTENTS

第一章

执行力就是竞争力
没有执行力，一切都空谈

责任重在落实，计划重在执行。任何远大的理想、美好的构思、完善的规划，都需要通过高效的执行，才能变为现实，否则一切都是纸上谈兵。

002 / 执行力＝战斗力

005 / 与其空喊口号，不如执行到底

009 / 战略失败，是因为执行不到位

013 / 积极行动才能达成结果

017 / 工作是干出来的，不是说出来的

第二章

要执行就要百分百
执行不到位，成功不可求

执行力就是竞争力。策略的关键在于执行，而执行的关键在最后的10%，如果执行不到位，前面就等于白执行。要成功，就要百分百地去执行，不放过任何一个环节。

024 / 遇到问题，就解决它

029 / 布置好≠完成好

034 / 执行不到位，等于白执行

039 / 执行就要百分百，不能打折扣

044 / 将小事做到极致

第三章

责任感决定执行力
执行要到位，责任先到位

人在职场，赢在执行。责任不到位，就会缺乏执行力度，从而影响竞争力。只有将责任落实到位，落实到每一个细节当中，才能打造出一流的执行者，才能创造出一流的业绩。

050 / "吃亏"是一种责任

055 / 对工作负责＝对自己负责

060 / 有责任心的人，从不抱怨工作

064 / 带着激情工作，才能创造成就

069 / 尽职尽责，才能尽善尽美

第四章

在责任面前不逃避
责任面前，不应袖手旁观

责任胜于能力。既然选择了工作，就要承担到底，任何时候都不能逃避推卸责任。有责任心的员工，工作中乐于付出，能勇于承担责任，也只有这样，才有更多的机会被委以重任。

076 / 不必事事都等老板交代

081 / 责任面前，不推卸

086 / 老板遇到难题时，员工要施以援手

091 / 以公司为家，与企业共进

096 / 时刻维护公司利益

第五章

在责任面前无借口
自动自发，没有任何理由

责任不是空话，而是一种使命感。责任不分大小，无论轻重，都要勇于担当。一个勇于担当的人，才能充分地展现自己的能力，因为责任承载着能力。

100 / 找借口，就是推卸责任

105 / 守时惜时，也是一种责任

109 / 果断行动，不为拖延找借口

113 / 办法总比问题多

117 / 只找方法，不找借口

第六章

在责任面前要忠诚
背弃了忠诚，等于放弃了责任

"人而无信，不知其可也。"忠诚本身就是一种责任。一个没有责任感的人，也很难做到忠诚。忠诚是对责任的坚守，一个忠诚的员工，往往能够将自己与企业融为一体，同呼吸，共命运。

122 / 忠诚胜于能力

126 / 人品至上，守住公司的秘密

131 / 你的忠诚决定了你的前景

136 / 忠诚敬业，践行责任

140 / 忠于职守，尽职尽责

第七章

在责任面前要结果
对结果负责，才是真正的负责

工作必须以结果为导向，真正做到对结果负责。没有结果的工作是无效的工作一个真正有责任心的人，不仅要对工作过程负责，更要对要达到的结果负责。没有收获的付出是无谓的付出。

146 / 永远不要满足于 99%

151 / 让问题到此而止

156 / 脚踏实地，担起责任

160 / 用业绩体现你的责任

164 / 有责任，才会有业绩

第八章

在责任面前要细节
关注细节，小事也要负大责

一沙一世界，一水一天堂。任何一件大事，都是由若干小事组成的。小事成就大事，细节成就完美。细节体现责任，对工作中的每一个细节负责，你才能在成功的曲线上不断前进。

170 / 细节定成败，要关注小事

173 / 小细节，大心态

177 / 小事的结果决定大事的成败

181 / 客户的小事，就是企业的大事

186 / 差不多就是差很多

第九章

在责任面前要超越
自动自发工作，超越自身职责

超越责任，就是超越平庸；超越平庸就是选择完美。工作没有分内分外之分，只有超越自己的责任，自动自发地工作，才能做出更大、更强的业绩，才能在职场中，用"责任"的大桨扬帆远航。

192 / 干工作，不分分内分外

196 / 主动进取，超过老板的期望

200 / 着眼全局，以团队利益为先

205 / 通过学习为自己增值

210 / 责任心决定着你的成就

第一章

执行力就是竞争力：
没有执行力，一切都空谈

责任重在落实，计划重在执行。
任何远大的理想、美好的构思、完善的规划，
都需要通过高效的执行，才能变为现实，
否则一切都是纸上谈兵。

◆ 执行力=战斗力 ◆

在今天的商业社会里，市场就是没有硝烟的战场，企业的生存和发展必须要靠对战略实实在在地执行来实现。企业没有执行力或执行不到位，只会意味着危机、失败，甚至破产。同样，在充满竞争的职场上，任何组织及其成员要想在竞争中脱颖而出、立于不败之地，都要靠不折不扣的执行力。

执行力就是竞争力，执行力就是战斗力。现代企业组织并不缺乏明确理智的战略，也不乏才华横溢的领导者和员工，很多企业之所以在市场中被淘汰，缺乏的只是把战略落实到行动的执行力。企业要做大做强必须要有一个有执行力、有战斗力的团队。

李健熙是韩国三星集团的董事长，三星集团是他父亲创立的，他父亲将这个儿子送到日本早稻田大学读书，让他到日本好好学习日本人是怎么做事的，回来研究韩国人应该怎样做。

李健熙从日本早稻田大学毕业之后，到韩国三星集团担任干部，他父亲过世之后又接任董事长一职。1987年李健熙担任三星集团董事长届满五年，他诊断出企业存在很多病灶：三星电子已经到了"癌症晚期"；三星重工明显营养失调；三星建设就像得了"糖尿病"；三星化工属于"先天性残疾"，一开始就不应该存在。从此，他开始大刀阔斧地改革。

又过了五年，李健熙在三星集团东京会议上发言，认为三星明显只有二流水准，他说："我们的产品为什么需要售后服务呢？为什么不将产品制造到不会发生问题呢？"他认为员工制造出不良的产品，应该觉得丢脸或者生气，证明自己的执行力不行。

李健熙还给三星的员工提出一个问题：该如何以最便宜最快速的方式制造出最好的产品，才是关键所在。李健熙提倡员工："从我开始改变，除了妻儿一切换新。"要求从领导到普通员工都"从我做起"，提高自己的执行力。

从那天开始，三星公司的员工开始严格要求自己，他们做的每一件产品都非常好。凭着这种精细到位的执行力，三星逐渐成长为一家在全球范围内竞争力都很强的公司。

为什么三星从一个二流企业变成了一流企业？他们的业务不是独一无二的，他们的技术不是别人掌握不了的，他们的机器设备也不是全球垄断的，但是为什么他们能做出的业绩别人做不出来？就是因为他们有执行力——公司的战略能够不折不扣地落实到终端产品上。

管理学大师彼得·德鲁克说："100多年以前，当大型企业首次出现时，他们唯一能够模仿的组织就是军队。"人类组织发展的历史证明：世界上最有效率的组织是军队。如果一个企业的执行力像军队一样，那么何愁不能发展壮大呢？

对于任何一个组织而言，要想完成计划和任务、达到目标，每一个团队成员必须全身心地投入到组织的日常运营当中。执行是上至最高领导者，下至门卫、清洁工都应该认真对待的工作。如果没有执行，再宏伟的战略、再完美的计划也不过是一纸空文，纸上谈兵罢了。

执行力就是战斗力。一个缺乏执行力的组织，是注定要失败的。无论是企业整体还是员工个人，事业成败的决定因素往往也是执行，因为只有执行到位才能真正达到预期效果。在工作中，当我们提升执行力时，也就意味着我们要提升利润和营业额，也就意味着我们的战斗力得到了提升；工作没有坚决贯彻落实到底的执行，就像军队空有飞机大炮但没有战斗力。

优秀的员工，不论是处在领导位置上还是普通的岗位上，都会对自己的职责不折不扣地执行到底。只有这样，才能提高个人的战斗力，为团队作出更大的贡献。同样，如果每个成员都拥有完美的执行力，那么这个团队就是攻无不克、战无不胜的。

❖ 与其空喊口号，不如执行到底 ❖

我们经常看到，不论是在繁忙的马路上还是在工厂的车间里、办公室的墙壁上，到处张贴着各种各样的口号标语。喊口号确实有提振精神、明确目标的作用，但是这些口号往往不能落到实处，很多口号成了听起来不错的"表面工程"，缺乏执行，喊过去就烟消云散了。

口号表达的内容或者期望都是美好的，不会有哪个企业喊出希望自己破产的口号，都希望员工能按照美好的口号去做事。但是，在喊好口号、做好宣传工作的同时，更重要的是要执行到位。无论是多么科学的决策、多么宏伟的战略、多么美好的设想，如果只停留在嘴巴上喊些口号，而不落实在执行上，也只能是"水中月"、"镜中花"，画饼充饥罢了。

在海尔文化中心里，有一条令人啼笑皆非的口号写在微微发黄的稿纸上："不准在车间随地大小便"。很多人觉得这好像是一个笑话。其实，海尔的崛起正是从这句口号的严格贯彻执行开始的。

1984 年年底，张瑞敏刚刚到电冰箱厂上任，这是一个濒临倒闭的小厂，产品粗糙，滞销积压，资金匮乏。当年，在他之前有三任厂长都未能在此立足，有的知难而退，有的被工人赶走了。

迎接他的，是 53 份请调报告，工人们 8 点上班 9 点就走，10 点钟全厂就找不到一个人了。工厂管理混乱，人心涣散，迟到、旷工、打架斗殴都是家常便饭，甚至在车间抽烟喝酒、随地大小便等恶劣现象比比皆是、随处可见。工人明目张胆地偷窃厂里的财物，连车间窗户都被拆掉当柴烧掉了，几乎没有什么东西是不可以拿回家的。

面对这样一个烂摊子，张瑞敏没有畏惧，也没有退却。因为工人长久发不出工资，他就从朋友那里借来几万元钱，为每位员工发了一个月的工资，解决了员工的燃眉之急。然后，抛弃原来厂里一人多高的规章制度，重新制定了 13 条，并把这些制度写成标语贴在车间里。其中包括严禁盗窃工厂财物、严禁打架斗殴、严禁在车间大小便，等等，一系列规定，狠抓落实，谁违反了规章制度就扣工资。

以前海尔也不是没有各种各样好听的口号，但是都没有执行到位，只是大家口头上讲讲罢了，谁也没有动真格的。只有张瑞敏来了，用他那把著名的大铁锤，砸碎了 76 台有缺陷的冰箱，砸碎了脆弱空洞的质量口号，砸出了员工们的执行力意识。

如今，海尔的执行力几乎成了各个企业学习的样板，海尔的 OEC 管理成为很多人眼中的法宝，正是靠着无可比拟的执行力，海尔走向了世界市场。

要切实把工作做好，就不要空喊口号，关键在于执行。人们往往被一些激动人心的口号蒙蔽了理智，以为喊了口号就是做了工作。但是，口号喊得再好再响亮，也只能挂在墙上看看，说在嘴上听听，变不成现实。要想把口号变成业绩，还是离不开执行。

可惜，很多企业出于急于树形象，或好大喜功等种种目的，往往只注重喊"口号"，在执行上雷声大雨点小。这样必然导致结果不尽如人意，最终走向失败。

任何工作，仅仅停留在表面的喊口号上，而不能有效执行是绝对不行的，成功的关键是在执行上下功夫。因此，不能仅仅只局限于喊口号、搞形式、做样子，更重要的是要高效地贯彻执行，全力以赴地解决问题，把工作做到实处。

作为在企业中的员工，我们要始终牢记：那些只会说空话、喊口号的人，无法有效地贯彻执行领导的要求，纵使口号喊得再响，也做不出什么卓越的业绩，最终也得不到领导的肯定和认可，只有那些执行力强，能够办实事的人，才会得到领导的青睐。

在工作中，小到领导让你去买一根针，大到国家让你研制宇宙飞船，都需要切实地去执行，才能取得应有的效果。空喊口号或许能够赢得别人一时的欢心，但是必然不能长久。说到底，任何一个组织和企业，都是要求成员来做事情的，不是专门听你喊口号的。口号喊得再响，能比得过喇叭？所以，要想在职场上立足和发展，就必须提高自己的执行力。

◆ 战略失败，是因为执行不到位 ◆

马云曾经说："我宁愿要三流的战略加一流的执行，也不愿意要一流的战略三流的执行。"这句话说明，战略制定得再好，离开了有效的贯彻执行也是没用的；相反，哪怕战略不是完美无缺的，只要拥有很强的执行力，也是可以做出成绩来的。

在当今企业的激烈竞争中，执行力就是竞争力，空有完美的战略，但是执行如果失败了，就会被竞争对手超越，把机会拱手送给别人，最后让自己在竞争中处于非常不利的被动地位。

平衡计分卡创始人罗伯特·卡普兰和大卫·诺顿发现，只有10%的企业真正在执行战略。文章指出，大约有70%的首席执行官失败的原因是"公司战略执行不到位"。事实上，除了极少数南辕北辙型的错误外，战略本身很难有成败对错之分，大部分只有可行性强不强的区别。理想与现实之间总是有很大差距，战略作为对未来的预期与规划，本身是不可绝对掌控的。大家都想发展得更好，都不会想倒闭。但是，就战略最后产生的效果来看，执行力起着关键作用。

华为是我国有名的网络设备生产商。有一次，华为受国外一家运营商的邀请，去国外建立自己的3G试验室。当华为的几名员工到达地点之后得知，他们被排在别人的后面，受邀的还有另外一家比他们实力更强的公司，华为和这家公司都非常希望拿下这个潜力巨大的市场。

但是，运营商认为华为实力不强。因此，他们不但没有给华为的员工提供核心网机房，就连内部的传输网也不让他们使用。在基础设施缺乏的情况下，华为员工的工作受到了严重的影响。

虽然困难重重，但是华为的员工一直想办法贯彻公司的指示："拿下这个客户。"因此，他们积极地寻找能够取得运营商信任的方法。恰好这时对方的技术人员在一次业务的演示中出现了一些差错，引起了运营商的不满。为了保险起见，运营商把华为的设备列为了备用产品。华为的技术人员紧紧抓住这次机会，一丝不苟地投入到了工作中，最后非常完美地展示了他们的3G业务。在华为演示之后，运营商非常满意，立即决定选择华为的设备为主用产品。

竞争对手虽然同样想拿下这个巨大的市场，但是因为最后的演示没能执行到位，白白丢掉了这次机遇，为华为创造了一个展示自己完美执行力的机会，把市场拱手让了出来。

可以想象，如果不是华为的技术人员工作能够执行到位的话，很有可能犯同样的错误，被运营商毫不留情地淘汰。同样是拿下这个客户的战略计划，成功与失败的区别就在于能否执行到位。像华为的员工那样，执行到位了，就能抓住机遇，而竞争对手在执行中只出现了一个小小的差错，他们离目标就已经渐行渐远了。

企业制定的每一项战略或者目标，是成功还是失败就取决于能否执行到位。如果能够把任何工作都执行到位，就会取得最终的胜利。反之，如果有丝毫的懈怠，执行中即使只出了一个小小的问题，都可能使前期工作和投入"打水漂"，从而前功尽弃，与成功擦肩而过。

战略是一个企业的发展方向、前进目标；而执行是达到这个目标的推动力。只有战略而没有有效的执行，就无法达到预定的目标，企业的战略就只能"可远观而不可亵玩焉"了。可以说，执行力是战略目标能达到何种程度的决定力量。如果企业没有有效的执行力，即使制定了一个很好的战略，那也是枉然，成不了现实，只能画饼充饥；如果企业具有超强的执行力，能把一切工作做到位，那么即使制定了一个一般的战略，那它也将取得一定的成功。

"荣华鸡"曾经以"洋快餐走到哪儿我就开到哪儿"名噪一时，高度模仿"肯德基"的经营战略，而且喊出"荣我中华"的口号，在成立之初的两年内达到了单店150万元的单月销售额纪录。

但由于"荣华鸡"扩张速度太快，对包括原料质量、食品加工方法等没有严格的限定；同时，在服务标准化上，对包括员工的文明规范，以及店堂环境设置等，没有具体的标准要求和严格的质量监控体系，结果导致各分店各行其是，产品和服务质量参差不齐，执行力不一，最终失去了消费者。

六年后，北京的最后一家"荣华鸡"在安定门歇业，最终黯然退出市场。

为什么同样的战略能使麦当劳和肯德基成功，却使"荣华鸡"失败呢？占尽了天时、地利、人和的"荣华鸡"跟麦当劳、肯德基的主要差距不是在战略上，而是在执行力上。

戴尔电脑的创始人迈克尔·戴尔说："一个企业的成功，完全是由于公司的员工在每一个阶段都能够一丝不苟地切实执行。"员工代表着企业的形象，某一个人没有执行到位，就是企业战略没有执行到位。一个企业的衰亡往往只是源于某个员工一次小小的工作疏忽。因此，作为员工，我们要时时刻刻提醒自己，不要因为自己的执行不到位，给整个企业造成损失，甚至带来灭顶之灾。

在工作中，牢记执行第一，把自己负责的工作做到位。企业就像一个链条，每一个员工都是链条上的一环，只有每个人都有效地贯彻执行公司的任务，才能保证这个团队高效平稳地运行，保证公司的目标顺利达成，保证个人的职业理想得以实现。

◆ 积极行动才能达成结果 ◆

　　孔子在《论语·里仁》里说："君子欲讷于言而敏于行。"大意是说，君子的修养是说话的时候要谨慎，而做事的时候要行动敏捷。我们把这句话引申到职场上也是适用的，成功要靠积极的行动来打造。

　　任何一个成功的企业或者个人，如果没有高效的执行力，那么不论这个企业的战略规划多么长远完美，个人多么睿智或者才华横溢，都只能是昙花一现，顶多偶尔发发光罢了。如果缺乏积极的行动，那么一切不过是表面的虚假华丽，没有货真价实的东西。

　　一个人要想成功，就要从积极行动开始。成功者与失败者的不同就在于，前者能够积极行动，"敏于行"，后者则不能。企业或者个人的成功，不在于能知，而在于能行。

　　陈金飞谈到他创业阶段的时候曾说："起步是最为艰难的时刻，但是只要积极去行动，那么离成功就会很近"。

陈金飞创业之初很艰难，他的办公室非常地简陋，而且还在一个猪圈的后面。他的厂房也盖得很随便，根本没有设计图纸，跟现在的市场大棚差不多，屋内的办公设备也很简单，仅有他自己动手改造的一个办公桌和几个小板凳，还有一把老式竹椅。

但是就是在这里，陈金飞积极地实践着他的创业计划，他在这个简陋的地方接待了很多重要的客户，其中还包括外商。

陈金飞的第一笔生意，是给当地篮球队印几件球衣的号码。他和工人们一起动手，不到 10 分钟就干完了，这笔生意他们赚了 35 元钱。

陈金飞认为他成功的原因是靠积极的行动。当时有好多人条件比他们好，资金比他们雄厚，却没有成功。就是因为他们束手束脚地不去行动，结果错失了机会。

那时有一个美国发泡印花的订单，当时这种发泡技术还没人掌握，就连国营大厂都不敢接，他们怕麻烦，更不愿意冒险，因此都不去尝试。后来，外贸公司找到了陈金飞，他一口答应了下来。但实际上，他们根本就不知道怎么干。他积极地想办法解决，天天跑化工商店，请教工程师，整天做实验，最后终于掌握了这项技术。就这样，他们靠着这股积极行动的干劲做成了近百万元的生意，公司前期几百万元的收入主要都是来自发泡印花的订单。

靠着这些资金和积极行动的做法，陈金飞一步步建立了他的商业王国。

无论我们做什么事情，都要有一种积极行动的意识，我们要相信一点：只有行动才能带来结果，只有我们把目标、梦想付诸行动，我们才能走向成功，才能把梦想变成现实。每个人都有巨大的潜能，不积极行动，只躺在床上梦想成功，这些能力是难以激发出来的。只有向着目标坚定不移地积极行动起来，才能将前进道路上的障碍和困难通通解决，走向成功。

古罗马一位大哲学家曾说过："想要到达最高处，必须从最低处开始；想要实现目标，必须从行动开始。"毋庸置疑，在竞争激烈的职场中，你只有立即着手积极行动，一步一个脚印地做好手中的事情，你才有可能比其他人更快地接近目标，攀上人生的顶峰。

千里之行，始于足下。在职场中行走，一定要明白这个道理。在成功的漫漫征途中，每走一步都会缩短与成功的距离，留下坚实的脚印。如果没有行动，不肯迈出你前进的脚步，那么纵然成功离你很近，也永远不能到达。

曾经有一位 65 岁的美国老太太，她从纽约出发，步行到了佛罗里达州的迈阿密。当她到达目的地的时候，有一位记者采访了她，想知道她这一路是如何走过来的，到底是什么样的力量支持着她走完全程的。

老人回答说："走一步路是不需要多少力气的，我所做的就是这样：走一步，再走一步，一直走下去，结果就到了。关键是，你要迈出你的脚步去行走。"

成功源自积极行动，只有行动才会产生结果。当一个人积极地去行动的时候，就能够充满力量和激情地去挑战一切困难，任何伟大的目标、伟大的计划，最终必须落到行动上才能实现。正如乔治·马萨森所说："我们获胜不是靠辉煌的方式，而是靠不断努力的行动。"

记住杰克·韦尔奇给年轻人的忠告吧："如果你有一个梦想，或者决定做一件事，那么，就积极行动起来。"有些人之所以不能积极地投入行动，就是因为心中的不自信，不相信自己能做好，不相信自己能成功。确实，世界上没有万无一失的成功，即使付诸行动也不一定能够成功，但若不付诸行动，那就肯定不能成功。不经历风雨，怎么见彩虹？

每一个人，要想在职场中获得成功，要想在人生的激流中破浪前行，创造自己的奇迹，就不要怕在前进路上经历风雨，应该积极地行动起来，风雨兼程，向着理想的彼岸奋勇前进。

◆ 工作是干出来的，不是说出来的 ◆

我们都知道守株待兔的故事：一名农夫在种田的时候，偶然遇到一只兔子撞死在木桩上，于是他坐在旁边干等着千千万万的兔子接着撞过来。可惜的是，直到他的地里长满了荒草，荒芜得不成样子，也没有再次等来一只倒霉的兔子。

谁都知道天上是不会掉馅饼的。同样，职场上也不存在不劳而获的事。如果谁还存在侥幸心理，那么势必会被南墙撞得头破血流。一座高楼大厦，要从理想中的设计蓝图变成现实的建筑，离开踏踏实实的工作是不行的，缺少一砖一瓦都不能成为一座完美的建筑。这一砖一瓦都不是天上飞来的，都需要实实在在地工作来实现。任何人如果存在侥幸心理，不付出努力，而坐等天上掉馅饼，都是不现实和非常愚蠢的。工作都是干出来的，没有付出就不可能获得回报。

老张和老王是邻居，而且他们是几十年的同事和老朋友了。他们原先同在一家国营机械厂上班，老张是工厂里的工程师，老王则是一名普通的车间技术工人。

非常不幸的是，近几年由于市场竞争日益激烈，他们所在的工厂经营不善，倒闭了，他俩都被买断了工龄而下岗了。两个人才四十多岁，下岗之前都是家里的顶梁柱，总不能一直在家闲着吧？为此，两个人合计着得尽快找个工作，重新上岗。

虽然下岗了，老张对自己的前途还是很乐观的，他觉得自己是工程师，是高级人才，到哪个单位还不得抢着要啊？于是，他在报纸上发布求职信息，要求的薪酬待遇很高，他相信自己一定能遇到"伯乐"。老王本来就是一名普通的技术工人，他的求职要求并不高，只盼着尽快结束失业的日子。

后来，当地一家民营企业招聘了他们，虽然他们是老工人了，但是按照规定，他们还是要有3个月的试用期。对此，老张颇有怨言，而老王则踏踏实实地做起了工作。

老张的工作还跟原来在国企一样，每天上班就是晚来早走，上了班也是喝茶看报，效率极低。老板吩咐他做的设计工作，他认为都是小儿科，一点都不放在心上。他想，我是工程师，是人才，怎么着老板也得高看一眼吧？

3个月试用期很快过去了。结果，作为高级人才的老张收到了解聘通知书；而老王，因为扎实肯干的工作作风，直接被正式录用为段长。

老张躺在自己"工程师"的招牌上心存侥幸，以为公司会很重视他这位"人才"。但是，企业是讲效益的，工程师不能创造效益也一样会被淘汰，千里马如果不跑还不如老黄牛快。工作是干出来的，不去付出努力，而只是心存侥幸，准备坐享其成是行不通的，企业终究不是养老院。

在职场上，我们需要的是实实在在地付出和努力，存在侥幸心理是要不得的，工作成绩不是想出来的，也不是看出来的，更不是等出来的！成功的理想和现实之间，没有实干铺路是不能通达的。冰心曾经写过一首诗："成功的花，人们往往只惊慕它现实的明艳，然而当初它的嫩芽儿，却浸透了奋斗的泪泉，遍洒了牺牲的血雨。"

成功是什么？成功是屋檐下一滴滴雨水穿透顽石，成功是一粒粒沙聚成高塔，成功是默默流汗、埋头苦干地付出……要想成功，少付出一点汗水都是不行的，那些守株待兔，坐等天上掉馅饼的人终究不能由一粒种子长成参天大树，他们注定触摸不到成功的衣角。

在拿破仑帝国时期，法兰西与欧洲发生了连绵数年的大规模战争。当时，指挥同盟军的是威灵顿将军。

然而，威灵顿指挥的同盟大军在天才的拿破仑面前一败再败。在一次大战中，同盟军再次惨败，威灵顿狼狈不堪地逃到一个破屋里。想到当天的惨败，威灵顿恨不得一死了之，他甚至祈祷上帝让拿破仑从马上掉下来摔死。

就在此时，威灵顿发现墙角有一只蜘蛛在结网，但是还没结好就被风吹断了。于是，蜘蛛又重新忙了起来，但这次还是没有结成。威灵顿望着这只失败的蜘蛛，不禁又想起自己的失败，更加唏嘘不已，同病相怜。

但蜘蛛并没有放弃，它又开始了第三次结网。蜘蛛的这次努力依然以失败而告终，但它丝毫没有放弃的意思，仍然继续着它的工作。它就这样锲而不舍地干着。

第七次，蜘蛛终于把网结成了！

威灵顿看到这一切，不禁流下了热泪，他被蜘蛛永不放弃的实干精神深深感动了。他决定继续带领他的部队干下去。

后来，威灵顿终于在滑铁卢一役，打败拿破仑，取得了决定性的胜利。

成功没有侥幸，实干决定命运。

诚然，人的生存和发展背景是不同的。但是，含着金汤匙出生并不叫成功，那只能说是在某些方面比较幸运罢了，个人的成功还是需要自己的努力。而且，对所有的人来讲，都不可能重新降生到一个让你羡慕的家庭。在工作中，我们必须抛弃所有伤春悲秋的抱怨和一夜功成名就的侥幸心理，只有实干，才能实现你的价值，也只有实干才能给你带来真正的成功。

实干，是一个人在职场上的立足之本，如果不能实实在在地干事，反而抱着侥幸心理盼望领导的目光注视在自己的身上，那是很不成熟的。我们已经不是小孩子了，小孩子可能因为长得讨人喜欢能得到大人无偿给予的糖果，但是作为一个成熟的职场中人来讲，盼望老板或者命运的恩赐就很不理智了，一切都要靠自己的努力去争取。

生活在充满诱惑的世界，也许你在苦苦等待哪一位伯乐慧眼识珠，一下子就把你放在位高权重的位置上。但是，请放弃不切实际的侥幸心理，你要相信，机遇只青睐那些有准备的人，任何工作都是干出来的。努力工作吧！我们要获得成功，根本不需要等待撞死的兔子，我们只需要收获自己播下的种子结出的果实。

第二章

要执行就要百分百：
执行不到位，成功不可求

执行力就是竞争力。
策略的关键在于执行，而执行的关键在最后的 10%，
如果执行不到位，前面就等于白执行。
要成功，就要百分百地去执行，不放过任何一个环节。

◆ 遇到问题，就解决它 ◆

在职场中，我们不可避免地要遇到各种各样的问题，这些问题就是横在我们面前的一道道坎儿，是迎难而上、勇敢地越过它，还是知难而退，遇到困难绕着走呢？很显然，有进取心的人，绝不会在困难面前止步，更不会逃避或推诿。面对问题，他们的第一选择肯定是：解决它！

职场中的优秀人士，无不具有这样一种精神和职业素质。只要是在工作中出现的问题，就是自己必须要解决的问题，不会寻找任何借口或理由将它推卸或搁置。如果遇到问题把它放在那里不去解决，那么自己的工作其实就是没有做到位，这类员工的工作能力就值得怀疑。

"三个和尚"的故事我们都听说过：一个和尚自己挑水吃，两个和尚还可以抬水吃，三个和尚互相推诿谁也不去打水，最后反而没水吃了。在工作中，问题如果出现了，不要把它放在那里，放在那里只会使问题越积越多，也不要侥幸地希望别人来接手，等和靠都是于事无补的，问题出现了，解决它才是唯一的出路。

李开复历任微软副总裁和 Google 中国区总裁等职，他是许多职场人士的偶像。

李开复初入职场时，曾经在苹果公司担任技术工程师。有一段时间，公司经营遇到了很大的问题，员工士气比较低落，整个公司的氛围都很压抑，如果不立刻找到突破口，问题会越来越严重。

本来这些问题对李开复来说似乎是"分外"的事情，他是搞技术的，不是搞市场的，经营问题本应该由市场部来解决。但是李开复没有这么想，他认为作为苹果公司的一分子，公司的问题就是自己的问题，自己应该主动帮助公司解决问题。

李开复积极开动脑筋，想方设法地为公司出谋划策，以帮助公司闯过难关。他写了一份题为《如何通过互动式多媒体再现苹果昔日辉煌》的报告，指出了公司存在这样一个现象：公司有许多很好的多媒体技术，可是因为没有用户界面设计领域的专家介入，这些技术无法形成简便、易用的软件产品。他建议，把多媒体技术作为公司打开市场的一个突破口。

报告被送到高层领导那里以后，他们非常欣赏这个想法，最后一致决定采纳李开复的意见。结果，苹果公司平安地渡过了这次危机，李开复自己也很快地被提升为媒体部门的总监。

多年后，李开复遇到了一位当年在苹果公司的上司，对方感慨地对他说："如果不是那份报告，公司就很可能错过在多媒体方面的发展机会。今天，苹果公司的数字音乐可以领先市场，也有你那份报告的功劳啊。"

可能职场中的大多数人都不会主动去揽这样的"分外事"，自己职责之内的问题还没解决呢，何必"多此一举"呢？但是，那样的员工也永远成不了李开复，永远成不了职场中耀眼的成功人士。

很多人不愿意解决问题，不是没有解决问题的能力，而是缺少执行到位的意识。他们总觉得自己干的还可以就行了，遗留一点问题不要紧，执行不到位的结果也许一时半会儿看不出来，但是日积月累就会成为执行力的大问题。在工作中，无论大小，任何问题只要出现了都不应该放过，都应该解决掉，要做一个拥有完美执行力的员工。只有这样，我们才能在职场中做出令人瞩目的成就。

很多人在面对困难时，总会有这样的想法："这个问题老板没有直接指示我去做，让技术部的同事们去处理吧！""客户对产品的质量提出了质疑，又不是我一个人生产出来的，我出这个风头干什么？""我已经把工作完成了，出现了新问题我可就不管了。"

这些想法或者做法是要不得的。工作中出现了问题，如果没有把它们解决掉，就是工作还没有做好。把问题留在那里，能说自己的工作做到位了吗？当我们遇到工作中的问题时，第一反应应该是：有效地解决它。

约翰先生要退休了，公司董事长格林先生做了例行讲话，强调了约翰对公司的贡献和公司对他的怀念。然而庆祝大会结束后，约翰就好像被人遗忘了一样。

其实约翰和董事长格林一起进入公司，格林并不比约翰聪明多少。但是格林很上进，经得起磨炼，不怕吃苦，遇到任何问题都不逃避，能完美地执行上司交给他的任务，而约翰却不然。

有一次，公司要约翰到南方去掌管分公司，但约翰觉得南方公司的问题很多，所以拒绝了。像这样的机会有好几次，他本来可以获得晋升的，但是他不愿意为公司解决问题。所以直到退休，他在公司领到的薪水最高不过 7000 美元，而格林却是他的 100 倍。

约翰后来对自己的好朋友说："其实，很多问题出现时，我都没有认识到这也是绝好的晋升机会，我只看到更多的困难和付出。我不能为公司解决问题，所以最终，我什么也没有得到。"

在公司里，许多人对应该解决的问题都视而不见，不闻不问，这样缺乏完美执行力的员工自然不能得到幸运女神的垂青。一个优秀的员工，遇到问题时，会以"当仁不让"的态度，把工作中遇到的问题完美地解决掉。只有那些善于解决问题的、把工作做到位的员工，才是能得到重视并得到更大空间和机会的员工。

员工的执行力，体现在解决问题上。遇到问题，不会不闻不问，或者推诿逃避，而是尽自己最大的努力，在第一时间就把问题解决掉，绝不拖延，绝不给工作留"尾巴"。这样工作才算是执行到位，这样工作才能取得理想的成果。

害怕面对问题，把问题留给别人，就是把机会让给别人。工作中，能否解决问题，表面看起来与机遇没有关系。但是，只要把工作中的每一件事都干好，把遇到的每一个问题都处理好，让自己拥有完美的执行力，那么你最终就能开启成功的大门。

◆── 布置好 ≠ 完成好 ──◆

对于一个企业来讲，没有完美的执行力，便没有竞争力。拥有再长远的战略，再完备的规划，如果执行不到位，那么企业仍将在激烈的市场竞争中处于下风，并最终被淘汰。一个良好的战略只有在完美执行后才能显示其价值，对于一个企业来讲，将既定战略执行到位是成功的关键因素。

布置好并不等于完成好，老板吩咐得再好，如果下属没有不折不扣地把工作落到实处，那么效果也会大打折扣。一项计划、一个目标的完成结果，不仅仅取决于事前的考察、设计，更在于执行是否到位。执行不到位，再好的规划和预期，也只能是纸上的蓝图、海市蜃楼。执行不到位，不仅不能达到预期的目标，有时候甚至会南辕北辙，使结果与预期大相径庭。唯有切实地把工作做好，才能完美地体现初衷。员工应该经常反思自己的工作，自己的工作计划是否已经执行到位了？上司的工作方案有没有在执行中走样？

贝聿铭是美籍华裔建筑师，他在 1983 年获得了普利策奖，被誉为"现代建筑的最后大师"，在业内有着极为崇高的地位。他认为建筑必须源于人们的住宅，他相信这绝不是过去的遗迹再现，而是告知现在的力量。

然而，这位大师，其平生中原本期望甚高的一件作品，却令他痛心疾首不已。

这件"失败的作品"就是北京香山宾馆，这也是贝聿铭第一次在祖国设计的作品。他想通过建筑来表达孕育了自己的文化，在他的设计中，对宾馆里里外外每条水流的流向、大小、弯曲程度都有精确的规划，对每块石头的重量、体积的选择以及什么样的石头叠放在何处等都有周详的安排；对宾馆中不同类型鲜花的数量、摆放位置，随季节、天气变化调整等都有明确的说明，可谓匠心独运。

贝聿铭说："香山饭店在我的设计生涯中占有重要的位置。我下的功夫比在国外设计的有的建筑高出十倍。"他还说："在香山饭店的设计过程中，我企图探索一条新的道路。"

该设计还吸收了中国园林建筑特点，对轴线、空间序列及庭园的处理都显示了建筑师贝聿铭良好的中国古典建筑修养。贝聿铭说，他要帮助中国建筑师寻找一条将来与现代相结合的道路。这栋建筑不要迂腐的宫殿和寺庙的红墙黄瓦，而要寻常人家的白墙灰瓦。

在香山的日子里，贝聿铭通常把意念传达给设计师后，就去做别的工作，然后定时回来监督进度，再向客户报告。香山饭店是他个人对新中国的表达，因此他悉心照顾。

但是，工人们在建筑施工的时候对这些"细节"毫不在乎，根本没有意识到正是这些"细节"方能体现出建筑大师的独到之处。他们随意改变水流的线路和大小，搬运石头时不分轻重，在不经意中"调整"了石头的重量甚至形状，石头的摆放位置也是随随便便。

看到自己的精心设计被工人弄成这个样子，贝聿铭痛心疾首。这座宾馆建成后，他一直没有去看过，他觉得这是自己一生中最大的败笔。

每一个老板都会对下属有要求，这些要求都会指向明确的结果，每一个企业都会有战略目标，同样地，每一个目标都会有最终的预期。但是，现实的结果往往与目标之间存在很大的差距，要么没有完成任务，要么结果偏离了目标。那么问题出在哪里呢？关键就是执行不到位。

执行不到位，还不如不执行；布置得再好，也不等于结果一定出色。因为，这两者之间还隔着关键的执行。执行到位，就会产生预期的工作结果；如果执行得不到位，结果就可能谬以千里，吃力不讨好。

对于企业来讲，要实现发展就必须建立一整套与市场相匹配的战略规划，以及和实际操作相结合的内部运作方案，并要下定决心保证方案执行贯彻到位，保证将每一项制度、工作落到实处。美国通用电气在其财务年报里骄傲地宣称，通用公司一旦确定一个策略，便可以在两个月内执行到位，这就是通用公司不断发展壮大的根本原因，这种良好的执行力是值得我们国内企业学习的。

某地一家企业因为经营不善，濒临破产，无可奈何地被一家德资企业兼并了。

德方派了一位经理来管理，员工以为这位外国经理肯定要大刀阔斧地改革一番，不知道会给工厂带来什么样的先进技术或者设备。令人感到意外的是，这位经理几乎什么也没改变，除了财务部门带来一个德国人以外，其他工人一个也没动。工厂里原先制定的规章制度也没变，就连生产设备也没任何改变。

德方经理就一个要求，就是把这个企业先前制定的各项制度、方针、政策坚定不移地贯彻落实下去，执行不到位的员工坚决按照惩罚措施来处理。结果不出一年，企业就实现了扭亏为盈。

布置好是一件很容易做的事情，但是完成好却并不轻松。完成好需要员工有良好的执行力，执行力是把纸上谈兵化成实际战果的唯一纽带。对于身为企业一员的员工来说，不仅要深刻理解公司领导布置的任务，更要在工作中做到执行到位，把老板布置的任务完成好，做一个拥有完美执行力的优秀员工。

任何一项工作、任务的完成，都是执行力发挥作用的结果。没有执行力，再完善的制度也是一纸空文，再理想的目标也是画饼充饥，再正确的政策也只能望梅止渴。对于一个企业而言，战略固然重要，但更重要的还是布置好任务之后确保完成好。

　　真正有执行力的员工应当把领导布置好的任务完成好，把工作做到位，不折不扣地贯彻落实企业的各项要求。这样，企业之树才能常青，个人在职场上也才能取得一个又一个胜利。

◆ 执行不到位，等于白执行 ◆

荷花开放的时候，第一天只开一小部分，到了第二天，它们就会以前一天两倍的速度开放。到了第 30 天，就开满了整个池塘。很多人认为，到第 15 天时，荷花会开一半。然而，并非如此。事实是，直到第 29 天时，荷花才仅仅开满一半，最后一天才会开放剩下的一半，让荷花布满整个池塘。可以说，最后一天的速度最快，等于前 29 天的总和。

古人说的"行百里者半九十"也是类似的道理。执行的关键往往在最后，最后步骤如果不到位，就会前功尽弃，前面的付出也就白费了。荷花差一天，都不能开满池塘，事情差一步，都会与成功失之交臂。越到最后，事情就越关键、越重要。所以，执行一定不能忽略最后的一步，最后的一步往往才是最关键的，是对结果影响最大的。

执行的关键在于到位，就像我们烧开水一样。前面烧得再旺，如果只烧到 99 摄氏度就停下来了，那么它仍然只能叫作热水而不能叫作开水，差一度都不行。99 度跟 100 度之间，相差仅仅一度，但却是一个量变到质变的飞跃。要实现完美的执行，就不能忽略最后的步骤。

某位企业家讲了一个自己亲身经历的故事。

在沿海大开放的时期，他应聘到了当地的一家创办不久但已经有了一定影响力的报社。当时那家报社最缺乏的是广告业务，而他上班不久就给单位带来了一份很大的见面礼。他的一位朋友要到这个城市的开发区投资，并计划在当地投放价值总计 83 万元的广告。在他个人的努力下，朋友最终将这笔业务给了他。因为业绩突出，报社准备提拔他为副社长。

开发区举行奠基仪式那天，他带上了社里最优秀的记者和广告部全体人员，赶到现场，计划进行大幅度宣传。在奠基仪式结束后，有位朋友邀请他去唱卡拉 OK 放松一下。盛情难却，再说他也感觉自己的工作基本完成了，已经到了收尾阶段。于是他向下属交代了一下就去了。那天，他玩到凌晨一点多钟才回家。

但是第二天早上，他就被社长一通训斥。原来，这天他们出版的报纸犯了一个最不应该出现的错误。头版头条的新闻标题本来应该是："某某开发区昨日奠基。"而摆在他面前的大标题却是："某某开发区昨日奠墓。"

当时南方沿海城市的企业都特别重视"彩头"，喜欢吉利的数字和文字，而把"基"写成"墓"，毫无疑问是犯了企业的大忌，更何况这还是开发区项目正式启动的第一天。

结果可想而知，朋友一怒之下取消了 83 万元的广告订单。不仅如此，报社的声誉也因此受到了很大影响，一些原本准备在这家报纸上投放广告的客户，也取消了自己的计划。

本来，他自以为派出的是报社最优秀的记者，可以非常放心。而且他离开之前，还特意请副总编对稿子严格把关。记者的稿子确实写得很好，但他手写的稿件字迹却很潦草，"基"和"墓"看起来非常相似。

稿子到了排版人员那里，他想当然地把"基"字当成了"墓"字。稿子排完版后，交到副总编那里，正赶上副总编家里有急事，于是他只匆匆看了一眼，并没发现这个错误，就签发了。

于是，原本想在那座城市大展宏图的他，黯然地告别了自己的梦想。

从表面上看，这位企业家前期工作做得很不错，但是，由于最后一个小环节没有落实到位，不仅"煮熟的鸭子飞了"，而且还给单位的形象和声誉造成了不可挽回的损失。所以说，最后的步骤不到位，前面的执行就是白执行，甚至会带来比不执行还要恶劣的后果。

在执行的过程中，常常会因为相关人员的疏忽大意，不能够执行到位，致使之前的努力前功尽弃，功亏一篑。最后，给自己和企业带来巨大的损失，甚至会留下终生的遗憾。

很多人之所以执行不到位，原因往往在于自认为前面的步骤完成得很好了，很快就可以万事大吉了，因此心理上放松了，忽略了最后的步骤。最后的步骤之所以重要，是因为只有做好最后一步，成果才会显现出来，少做一分都不行。前期工作做得细致周到，最后的步骤又毫不放松地落到实处，这样的执行才能获得成功。

小陈和小张在同一家酒店的餐饮部实习。

一次，一位住在酒店的客人到餐厅吃饭，菜已经上桌了，他却接到一个电话。之后，他叫住了正在为他服务的小陈。"真不好意思，朋友突然找我有急事，我必须现在就去，菜先放在这里，一会儿我回来再吃。"小陈微笑着点了点头，准备让他走。

这事本来与小张无关，但是，她却走过去，面带微笑诚恳地对客人说："先生，请您放心，我们一定将您的菜留着。不过我们酒店有规定，需要先付账，希望您能理解我们的做法。"

"那好，我去前台签单吧。"客人爽快地答应了下来。然后，她笑容满面地带着客人到前台签了单。

客人出去后，很晚才回来，她就一直等在那里，还通知厨房留一个人值班，等客人一回来，她马上让厨房的人将热好的饭菜给客人端了上来。

不仅是这件事，工作中的每一件事，小张都要求自己做到位。就这样，小张从一个小小的服务员开始，一步步地走了上来，不到30岁就当上了酒店的副总。

在工作中，人们往往都很重视开头。"良好的开始是成功的一半"，工作开始时往往热情高、干劲足，执行起来精力集中，全力以赴。但是，有些人往往坚持不到任务结束，忽略最后步骤的重要性，以至于功败垂成，不能笑到最后。就像大多数飞机事故，往往都发生在着陆的时候一样，执行的最后关头如果出现偏差，很可能使整个工作成果化为乌有。

因此，在职场上行走，我们要时时刻刻告诫自己，完美的执行需要善始善终，不能虎头蛇尾，如果最后步骤执行不到位，前面就是白执行。

➙ 执行就要百分百，不能打折扣 ➙

执行不到位，会使执行的效果大打折扣甚至劳而无功。身在职场的你，是否曾有过这样的经历：在工作时，没有全力以赴地把事情做到百分之百，自己认为这没什么大不了，可结果却和自己想的大相径庭。表面看起来，你也是在不停地付出、忙碌，但是这种忙，却没有忙出完美的效果。

今天这个时代，职场生活已经融入我们的整个人生历程之中，我们对待自己的工作，不能把它仅仅当作是谋利的工具，而应该与自己的人生追求和生命价值紧紧联系在一起。因此，打造我们百分百的执行力，是实现我们人生价值的重要组成部分。

很多人从默默无闻的基层工作者，变成一鸣惊人的职场明星；很多人从一贫如洗变成万众瞩目的财富新贵。他们并不比别人更加幸运或者聪明，甚至他们中的很多人身世坎坷、命运多舛，受尽了磨难，他们的成功有一个共同的秘诀：做到最好。无论什么工作，他们都用百分百的执行力去做，把它做到最好。

艾伦·纽哈斯两岁丧父，寡母用尽一切努力维持生计。艾伦在十多岁的时候，便利用假期在南达科他州祖父的农场里，开始了他的第一份工作：赤手去捡牧场上的牛粪饼！

这份又脏又累的工作一般人都不愿意做，小艾伦自己也是非常希望做放马的工作的，但是祖父却安排了他去捡牛粪饼。尽管这看上去并不算一份像样的工作，但他依然很认真地在做，并取得了很大的成绩。仅仅一个假期，祖父的储草间里就堆满了他的工作成果。

一年后，又到了假期打工的时候了，艾伦的祖母开着福特车来接他，并告诉他，因为去年夏天他捡牛粪时表现得极其出色，他的祖父将要把他想要的放马工作交给他。这样，他在工作岗位上得到了第一次提升，这使得他很开心。只要把手头的工作百分百地做好，就一定能慢慢实现自己的理想，这个信念开始在他脑袋中生根发芽。

后来，艾伦成为南达科他州一名每星期挣1美元的肉铺帮工。这份工作在别人看来仍然是很脏很累的，但是艾伦却没有嫌弃，因为这比起他以前捡马粪饼的工作好多了。他努力做好肉铺师傅下达的每项任务，让他切肉就切肉，让他剁骨头就剁骨头，他把一切工作都做得很完美。

也正因为他的这种把事情做到完美的工作态度，不久后的一次机遇让他成为了美联社的一个实习生。再后来，他成为了每星期挣 50 美元的美联社记者。把工作做到百分百，也成为艾伦工作的信条。很多年过去了，他成了加内特报业集团的首席执行官，并把该公司变成了美国最大的报业集团，他的年薪也达到了 150 多万美元。

艾伦·纽哈斯后来创办了美国第一家全国性的报纸，也是全美国模仿最多、阅读面最广的报纸：《今日美国》。回想起童年的生涯，他感叹道："要做就做到最好，这种百分之百的执行力改变了我一生的命运。"

任何事情，只有做到 100% 才是完美，99% 都不行。同样的规章制度，同样的机器设备，为什么有的企业发展壮大了，而有些企业却关门大吉了。其实成功和失败之间最大的差别，恰恰就在于执行能否到位。企业的兴衰与每一个员工的执行力有着密不可分的联系，员工百分百的执行力才是企业高速发展的根本助推力。

打造个人百分百的执行力，做到最好，是一种对待职业的神圣使命感，是一种负责敬业的职业精神，是一种完美的执行素养，也是个人与企业实现双赢的最佳纽带。积极而有成效的行动不仅会让你收获一个完美的工作结果，更会让你增加自信和成就感，从而产生心理上的良性循环，让你保持持久动力。

贝蒂是一位房地产推销员，她工作十分出色，她不像其他推销员一样，仅仅把房子卖出去就万事大吉了。尽管已经卖出了房子，她仍然会给顾客们更多的服务，虽然那看起来已经不是她的工作范围了。

在顾客入住新房子之前，她会去了解供水供电是否正常，以确保顾客的正常生活不受影响。她熟知当地学校和教师的情况，甚至叫得出一些老师的名字，于是她给顾客提供意见，为他们的孩子转入新学校作一些参考。她还能精确地说出附近的交通状况，等等。她知道刚搬家时顾客做饭还不方便，因此每当新住户搬进新居，她都会准备一份礼物，并在住户入住的第一天与他们共享一顿晚餐。她还介绍新来者加入社区的俱乐部，把新住户介绍给邻居们。

这些听起来不可思议，但贝蒂做到了，她从各个方面尽力帮助新住户迅速融入社区生活。结果，顾客们在买了房子之后，仍然愿意找她帮忙解决问题。他们觉得贝蒂不仅仅是个卖房子的销售员，更是能帮助他们更快乐地生活的好朋友。可想而知，贝蒂的业绩在口碑相传之下，自然是芝麻开花节节高了。

优胜劣汰的丛林法则也同样适用于职场，多少人成为竞争中黯然退场的失意者，我们要在这个激烈的经济社会中站稳脚跟并不断前行，成为时代的领跑者，就必须要使自己拥有克敌制胜的资本。这个资本，就是工作中完美的执行力，百分百的执行力！把任何工作都做到最好，那么就永远不会有人能占据你的位置，就永远不会被超越、被淘汰。

在工作中，一定要严格要求自己，任何事情，要么不做，要做就做到最好。接受一项任务，就要全力以赴，用百分百的执行力把它完成好。把任何工作都做到最好，那你在竞争中自然就会是那个无可争议的最好的员工。

一分耕耘一分收获，成功不是单靠上天带来的运气，也不是靠老板善意的施舍，而是靠自己的打拼努力。无论你从事什么样的工作，也无论你在哪个行业，只要你能坚持不懈地打造自己百分百的执行力，任何事情都做到最好，你终将能够获得成功。

◆ 将小事做到极致 ◆

在康熙的诸多儿子之中，论德行论才干，老四胤禛都不是上好的材料。但是睿智的康熙皇帝在经过层层考察筛选之后，却将皇位传给了他，成就了这位历史上有名的雍正皇帝。康熙对雍正的评价是："耐烦不怕琐碎。"就是能够把小事做好，不眼高手低。

"九层之台，起于垒土；千里之行，始于足下。"量变产生质变，任何一件大事，都是由一件件小事组成的。无论在生活中还是工作中，都不要忽略小事情，即使是小事情我们也要用做大事的心态去对待，把小事情做到极致，如此才能成就大事。

很多成功者也并不是从一开始就卓越非凡，他们多数也是从做好小事情开始的，但是他们与急功近利的人不同。他们拥有完美的执行力，往往能够把小事情做到极致，做到完美，从而一步步为自己赢得做大事的机会。试想，如果连那些不起眼的小事情都能做到极致，那么做大事也就自然不在话下了。就这样，他们完成了从丑小鸭到白天鹅的蜕变，做出了令人瞩目的成就。

汤姆·布兰德 20 岁进入福特公司的一家工厂，他从第一天上班起，就想在这个地方成就一番事业。不过，他没有像很多年轻人那样，迫不及待地寻找一切可以晋升的机会，或者不择手段地往上爬，而是甘于从小事做起。

汤姆·布兰德从最基层的杂工开始，杂工的工作就是哪里需要去哪里，让你干啥你就干啥。虽然都是一些不起眼的小事，但是他干得非常认真，把小事做到了极致。

干了一年的杂工以后，汤姆·布兰德基本熟悉了从零件到装配出厂需要的 13 个部门的生产流程，这为他以后成长为一名有整体眼光的管理者打下了良好的基础。

然后，汤姆申请调到汽车椅垫部工作，在那里他掌握了做汽车椅垫的技能。后来他又申请调到电焊部、车身部、喷漆部、车床部等多个基层部门去工作。不到 5 年的时间，他几乎把这个厂各部门的工作都做过了。

汤姆的朋友对他的举动十分不解，认为他工作已经 5 年了，却总是做些焊接、刷漆、制造零件这类的小事，恐怕会耽误他的前途。但是汤姆不这样认为，他说："我并不急于成为某一部门的小工头，我是以整个工厂为工作目标的，所以必须花点时间了解整个工艺流程。我做的虽然都是些小事，但是我能够把小事做到极致，这就是我工作中最有价值的地方，这会帮助我实现自己的理想。"

汤姆说得很对，因为他能把每件小事都做好、做到极致，因而他逐渐成了装配线上的权威人物，并且很快他就升为领班。在汤姆·布兰德32岁的时候，他成为15位领班的总领班，也成了福特公司最年轻的总领班。在福特公司这个人才济济的"汽车王国"里，这是一件非常了不起的事情。

对于生产一辆汽车来说，制椅垫、焊接等工作可以说都是小事，但正是把这一件件的小事做到极致，才有了一辆辆性能卓越的福特汽车的问世。汤姆全力以赴地做好每一件小事，从把小事做到极致的过程中，他积累了足够的经验，而且获得了良好的发展机会，这为他日后做出更大的成就奠定了坚实的基础。

在工作中，如果你能把小事当作大事那样重视，做到极致，那么当你以后真正面对大事的时候，你就会发现再大的困难也能克服，做好大事一点儿也不困难。很多人心浮气躁，恨不得一口吃成个胖子，恨不得一夜做出不朽的业绩，这是不可取的。古人常说，欲速则不达。只有先把小事做好，将来才能把大事做好。

"在战争中，大事件都是小事情造成的后果。"这是古罗马凯撒大帝的名言。小事情也要执行到位，否则就会影响到全局，给企业和个人造成严重的影响。一颗小小的钉子，决定一个帝国的存亡的故事深刻而耐人寻味，而这样的教训在现实生活中还在前赴后继地演绎着。

美国哥伦比亚号航天飞机升空82秒后爆炸，机上7名宇航员全部遇难。调查结果表明，造成这一灾难的原因竟是一块脱落的泡沫击中了飞机左翼前的隔热系统。

这块泡沫材料只有 0.75 公斤，航天飞机这么庞大复杂的工程，别的地方都是精雕细琢的，唯有在填充这些泡沫材料的时候是使用喷枪进行的。这些喷枪喷涂的时候，无法保证泡沫之间不留缝隙，而这些缝隙之中存在着大量的氢，航天飞机进入大气层后，氢膨胀溢出，导致泡沫材料疏松剥落击中了隔热瓦，从而导致 1400 摄氏度的高温气体摧毁了机翼和机体。

应该说，航天飞机整体性能系统等很多技术指标都是一流的。但是，一小块脱落的泡沫就毁灭了价值连城的航天飞机，还有 7 位无法用价值衡量的生命。在这里，泡沫脱落是一件小事，但是这件小事让人类付出了血的代价。

"差之毫厘，谬以千里。"工作执行不到位，哪怕是一件小事也会带来惨重的后果，牵一发而动全身。在执行中，任何一件小事，都可能会影响大局，或者说必然会影响大局，只是有时候当时不会表现出来而已。

作为企业中的一名员工，每个人的执行力水平都有可能给企业带来巨大的影响，可能是正面的，也可能是负面的。那些对待小事马马虎虎，不能执行到位的员工，必然会影响企业的发展壮大。而那些能够把小事也做到极致、拥有完美执行力的员工，则能帮助企业实现既定战略，实现团队和个人的共同发展。

其实对于我们个人来说，通过做小事，可以积累经验，磨炼自己的耐力和韧性，锻炼自己处理问题的能力，培养自己完美的执行力。如果我们能把小事都做到极致，那就是为成就大事打好了坚实的基础。所以，即使是小事，也切记执行到位。

第三章

责任感决定执行力：
执行要到位，责任先到位

人在职场，赢在执行。

责任不到位，就会缺乏执行力度，从而影响竞争力。

只有将责任落实到位，落实到每一个细节当中，

才能打造出一流的执行者，才能创造出一流的业绩。

◆ "吃亏"是一种责任 ◆

机遇往往垂青那些平时被人耻笑的所谓"傻子"，他们总是拿着一毛钱的工资干着一块钱的活儿，傻傻地做着老板的"超值"劳动力，像黄牛一样任劳任怨，全然不以为然自己吃了大亏。然而正是这些喜欢"吃亏"的"傻子"，却常常比那些精明人更容易得到老板的信任和青睐，更容易获得升职加薪的机会。

其实这些肯"吃亏"的员工，都是很有责任感的人，因为只有把企业当成自己的家，才不会斤斤计较个人得失，才不会紧盯着薪水报酬而吝惜自己的付出。那些所谓猴精猴精的聪明人，绝不肯"浪费"一分力气，拿多少钱的薪水，就出多少钱的工，甚至有些人还偷奸耍滑。没有付出，何来回报？他们这样的心态，又怎么能指望在竞争激烈的职场上出人头地呢？

学习机械制造的元经毕业后到了一家精工机械制造厂工作。一段时间之后，他发现其他同事在生产过程中，对剩余的一些边角料总是不太珍惜，总是随手乱扔。下班后负责清扫卫生的员工就把这些东西当作垃圾处理掉了，每天总有上百斤这样的边角料被丢掉，非常可惜。

于是，元经每天下班后，都把别人丢弃的那些边角料收集起来，利用一台闲置的机床加工成一些螺丝、螺杆这样的小零件。

他的一个同事经常"好心"地劝元经不要这么傻，意思是工作了一整天，下班还不赶紧回去休息，这些边角料扔了也就扔了，还加工成小零件，累不累啊？元经不听，那个同事最后气不过，说："公司就发给你那么点儿工资，每天把任务完成就很对得起它了，你现在多干的这些活儿，干了也白干，没人给你发奖金。说句难听的，你就是一个吃力不讨好的笨蛋，就是一个喜欢吃亏的傻子。"对于他的这番"教诲"，元经只是笑笑，继续他的工作。

一天，老板下班后到生产车间去转悠，结果发现元经在认真地加工着边角料，旁边是加工好的半筐小零件。于是，老板就问元经："别人都下班回家了，你怎么没下班，还在这里加工这些废料啊？"

元经说："我觉得这些边角料扔了挺可惜，加工一下还能用得上。我回去也没什么要紧事，多干点活儿也累不着的。"老板没说什么，转身就走了。

半年后，老板宣布要提拔一位员工担任车间主任，大家纷纷猜测这个人选。但结果却让人大跌眼镜，老板点名要资历尚浅的元经来担任这个职务，就连元经自己也感到非常惊讶。

老板说出了提拔元经的理由："元经拿了一个人的工资，但是却干了不止一个人的活儿，他得到的报酬少，但是付出的劳动多，不怕吃亏，这么有责任心的员工，公司是绝对不会亏待他的。"其他工人听到这些都很感慨，没想到"吃亏是福"啊！

元经在工作中本着对企业负责的心态，没有盯着自己的付出是不是得到了企业相应的回报，而是兢兢业业地工作，付出了超出个人薪水的努力。在同事看来，这个人有些傻，没有加班费的工作还干，这不明摆着是吃亏吗？但正是元经的这份责任心，为他赢得了升职加薪的机会，因为任何企业都是不会亏待有责任感的员工的。元经这种不怕"吃亏"的人，才是职场上真正的智者。

一分耕耘一分收获，付出总有回报。职场中拥有强烈责任心、不怕"吃亏"的人，就不会吝于付出，机会总是愿意给予付出的人回报的。

然而，职场上还有一些人不明白这个道理，他们总是想能够得到怎样的回报，才去付出努力，才去承担责任，完全颠倒了因果。他们认为：既然公司给了我这么多薪水，我就只需要付出这些劳动，没必要再去主动承担更多工作。于是，他们就得过且过地混日子，逐渐消磨了自己的工作热情，也失去了前进的动力。长此以往，就变得默默无闻，被埋没在职场的茫茫人海中了。

这种不肯"吃亏"的心态，其根源就是没有责任心，这样不仅对公司没有任何好处，对自己也是很不负责任的。这样的员工也很难得到升职的机会，哪怕升职的机会真的来了，上司也不会放心地把重要的任务交与他去做。很简单，一个连本职工作都做不好的人，如何能够说服别人信任他呢？

所谓"吃亏"是最简单的事情，每个人都会，但是有些人却做不到。只有那些平时不斤斤计较个人得失，不局限于自己的所得，为公司付出更多、不怕吃亏的"傻子"，才能得到上司的青睐，给自己带来更大的发展空间。

有些人会认为"精明人"与"傻子"的区别就在于："精明人"付出得少，得到得多；而"傻子"付出得多，得到得少，然而这仅仅是暂时的。实际的情形是："傻子"干的活儿多，收获就会逐渐变多，机遇也会随之到来；而"精明人"付出得越少，他们的收获也就变得越少，机遇更不会落在他们头上。他们只是白白浪费了大好年华，输掉了成功的机会。

所以，不要抱怨当年同时入职的人现在的收获已经远远地超越了你；不要抱怨领导的偏心剥夺了你升职的机会；不要抱怨上天不公，怀才不遇的你没有遇到独具慧眼的"伯乐"，你之所以到现在还只是一个普普通通的小职员，守着办公室的一隅，还只能拿着微薄的薪水默默哭泣，还只能眼巴巴地渴望着加薪升职的机遇，一切的根源不在于你的工作能力不佳，不在于领导的识人水平低下，也不在于你的人生际遇悲苦，只是因为你不愿意"吃亏"，你没有足够的责任心。老板手下人才济济，他干吗要提拔重用一个付出太少而希望得到太多的"贪婪"的人呢？

吃亏是福。从现在起，学会加强自己的责任心，不要再斤斤计较眼前的蝇头小利，学会做一个肯"吃亏"的傻子，明天就会获得更大的机遇。

◆ 对工作负责=对自己负责 ◆

在日常工作中，能力上的差异虽然会产生不同的工作效果，但那并不是主要原因。在能力方面，大家都是差不多的。然而，即便是两个能力不相上下的人，从事相同的工作，结果也经常会大相径庭。有的人做事干脆利落、尽善尽美；有的人却做事马马虎虎、不尽如人意。这是为什么呢？

因为他们的工作态度不一样，由此产生的工作结果自然大不一样。有些人没有将责任感融入到自己的工作中，没有认识到工作对自己职业生涯的影响。因此对待工作马马虎虎，抱着应付了事的心态去糊弄。如此一来，不仅会为企业带来损失，也不利于自己的发展，可谓是"损人不利己"。

实际上，糊弄工作就是在糊弄自己，对工作负责就是对自己负责。

阿诺德和布鲁诺是同一家店铺的伙计，他们拿着同样的薪水。可是，一段时间之后，阿诺德便青云直上，而布鲁诺却还是老样子。

布鲁诺一肚子的怨气，他觉得老板对自己很不公平。一天，他到老板那里发牢骚，老板一边耐心地听着他"诉苦"，一边在心里盘算着如何解释清楚他与阿诺德之间的差别。

终于，老板说话了："布鲁诺，你到集市上去一趟，看看今天早上有什么卖的东西？"

布鲁诺去了集市上，回来后向老板汇报："今早集市上只有一个农民拉了一车土豆在卖。"

老板问："有多少？"

布鲁诺又跑到集市上，回来告诉老板共有40袋土豆。

"价格是多少？"

布鲁诺叹了口气，第三次跑到集市上问来了价格。

待布鲁诺气喘吁吁地回来后，老板对他说："好了，现在你坐在椅子上别说话，看看阿诺德是怎么做的。"

老板于是吩咐阿诺德去集市上看看。阿诺德很快就回来了，他向老板汇报："到现在为止，只有一个农民在卖土豆，一共40袋，价格也问了。这些土豆的质量很不错，我带回来一个，您可以看看。这个农民一小时后还会运来几箱西红柿，价格还挺公道的。据说，昨天我们铺子的西红柿卖得很快，库存已经不多了。我想，物美价廉的东西老板可能会进一些，所以我带了一个西红柿做样品，也把那个农民带来了，他现在就在门口等着呢！"

这时候，老板转过头对布鲁诺说："现在你该知道为什么阿诺德的薪水比你高了吧?"

对于布鲁诺来说，他仅仅满足于按照老板的吩咐去做事，他做的是最表面的事情。他没有进一步去想，老板让他去看看市场上有什么东西在卖，是想获得什么信息呢? 老板不会无事生非，怎么可能只是为了满足一下好奇心，就让自己的员工专程跑一趟呢? 结合自己公司的经营范围，老板吩咐的工作，不是去问一声市场上有土豆还是有西红柿这么简单无聊的事情，真正的工作任务是后面的环节: 尽可能详细地获得对公司有用的市场信息。而布鲁诺的做法，很明显是在敷衍，糊弄工作，这同时反映了他的责任心——如果有那么一丁点的话，也仅仅是停留在表面上。这样的责任心和工作态度，怎么可能得到提拔重用呢?

工作是一个人在社会上赖以生存的手段，员工需要工作养家糊口，需要给自己找一个饭碗，因为我们谁都不想食不果腹、衣不蔽体，或者接受别人的救济，这是工作最基本的功能。

然而，除此之外，工作还有一个更重要的功能，那就是实现自我的价值。马克思说过: "劳动是人的第一需要。"也就是说，工作是实现自我价值的最重要的手段。作为员工，要时刻铭记: 当进入一家企业的时候，自己的经济利益和更高层次的心理需求就已经和工作、企业绑在了一起，对工作负责就是对自己负责，对工作越负责，就越能做好工作，进而获得更大的利益，个人事业也就更进一步。反之，糊弄工作就是糊弄自己，不仅提升不了我们的价值，还可能打破我们赖以糊口的饭碗。

小男孩米奇在一个社区给鲍勃太太割草打工。

工作了几天后，他找了一个公用电话亭给鲍勃太太打电话问她："您需不需要割草工？"鲍勃太太回答说："不需要了，我已经有割草工了。"

米奇又说："我会帮您拔掉草丛中的杂草。"

"我的割草工已经做了。"鲍勃太太说。

"那么，我会帮您把草场中间的小径打扫干净。"

鲍勃太太说："真的谢谢你，我请的那人也已做了，我真的不需要新的割草工人。"

挂了电话后，米奇的伙伴杰瑞非常不解地问他："真想不明白，你不就在鲍勃太太那儿割草打工吗？为什么还非要多此一举地打这样一个电话？"米奇笑了笑，回答说："我只是想知道我做得够不够好！"

在职场上，当你还在为自己工作业绩的难堪和人生境遇的窘迫长吁短叹时，要学会从责任的角度反思自己，清醒地认识到自己要以责任感对待自己所从事的工作，不要糊弄工作，努力培养自己尽职尽责的精神，多问自己"我做得够不够好？""我是不是尽到了责任？""我有没有糊弄工作？"

对工作负责，即是对自己负责。对工作的态度决定了一个人在工作上所能达到的高度，而在工作上的成就很大程度上决定了一个人的人生价值和成就。一个对工作有强烈责任感的员工，就能为公司的利益和成长努力付出，进而就能够不断提高自己的价值，实现自身的发展，在工作中崭露头角，而且比别人更容易获得加薪和晋升的机会，为自己事业的成功奠定坚实的基础。因此，无论是初入职场的青涩新人，还是历经风雨的淡定名宿，都绝不能糊弄自己的工作，要时刻对工作保持强烈的责任感，让自己切切实实地承担起责任来！

◆ 有责任心的人，从不抱怨工作 ◆

在职场中，总有一些人整天发着牢骚：

"我都来公司这么久了，一直得不到重用，老板还经常给我小鞋穿。"

"努力工作又怎样？老板根本不在意。"

"这又不是我一个人的错，凭什么扣我的奖金？"

……

这些人每天想着加薪、晋升，期望得到老板的器重，成为公司的顶梁柱。遗憾的是，他们的这种期望是毫无可能实现的，因为"抱怨"给他们的成长与晋升之路设置了障碍，而在抱怨背后，暴露的也正是他们自身最大的弱点：没有责任心！

这个世界上本来就没有完美的事物，工作也不可能都尽如人意。很多时候，问题并不是因为工作不好，而是人的心态不对。如果你总是抱怨客观环境，而不是发自内心地去重视一份工作，尽职尽责地将它做好，那势必就会感到厌烦，进而心生懈怠。

实际上，并没有什么工作值得抱怨，只有不负责的人。就算你从事的是最平凡的职业，如果你能够消除抱怨，全力以赴、尽职尽责地努力工作，那么你同样能成为一个不平庸的人。

炸薯条这种食品在 17 世纪的时候风靡法国，深受当时美国驻法大使托马斯·杰斐逊的喜爱，于是他就把制作方法带到美国，并在蒙蒂塞洛把炸薯条当作一道正式晚宴菜肴来招待客人。

当时，美国纽约的一家餐厅提供这种正宗的法国式炸薯条，这家餐厅身处一流的度假胜地，到那里就餐的都是一些有身份的人，他们不是名流就是富豪。乔治·柯兰姆是这家餐厅里的厨师，他一直都严格按照标准的法国尺寸来制作薯条，这道菜很受客人的欢迎。

有一天，一群富翁到乔治所在的餐厅就餐，其中有位客人非常挑剔，他一直抱怨薯条切得太粗，影响了他的胃口，因此拒绝付账。为了让这位富豪满意，乔治又重新做了一份，这次切得细了一些。可是，那位客人仍然不满意，还是抱怨薯条太粗了。

周围的服务员私下里都在抱怨那位客人不讲理，替乔治感到委屈。乔治心里自然也不高兴。不过，他是个有责任心的人，既然自己是厨师，那就要让客人吃得满意，这是他的职责所在。

于是，乔治再一次回到了厨房，这次他将马铃薯切得很细很细，细到一炸之后又酥又脆，这样的做法已经与正宗的法式炸薯条标准大相径庭了。不过，乔治心想，既然是客人要求这样做的，自己就应该满足他。

看到闪着淡黄色油光的薯条，客人非常满意。更有意思的是，其他的客人也纷纷要求乔治为他们制作这样的薯条。因为马铃薯需要手工削皮和切条，所以很考验厨师的刀工，但是乔治本着对工作负责的态度，一一满足了客人们的要求。

自此之后，这种"超细"的薯条便很快风靡了起来。后来，乔治开了一家属于自己的餐厅，并将这种薯条作为餐厅的招牌菜品，这一举措使他赚个盆满钵满。现在，细细的薯条成了世界上销售量最大的零食，而乔治这个薯条的发明者也名垂青史了。

没有一份工作值得抱怨，把该做的工作做好，这是员工的责任。一个人如果有强烈的责任心，那么即便一件事只有很小的希望，最后也能够变成现实。责任是员工强有力的工作宣言，是能够胜任工作的保障，一个人是否具备责任感，具备多强的责任感，也决定了他在工作中成就的大小，职场中地位的高低。别总觉得工作处处不如意，抱怨是推卸责任的表现。抱怨之前，员工需要扪心自问一下：自己为这份工作付出了多少？是否一直都以高度的责任感来对待？有没有投入百分之百的努力？一个真正负责任的人，永远都不会用抱怨为自己的工作做注解。

职场中的人要明确一个认识：老板雇用你来担任某一个职位，或者安排你从事某项工作，他的目的不是听你发牢骚，诉说工作中有多少麻烦和困扰，他是请你来解决问题、创造价值的。想要获得老板的肯定，实现自我的价值，首先要做的就是承担起你应负的责任，收起你的抱怨，做个敢于担当的人。一个只会抱怨，连本职工作都无法承担的人，又凭什么让老板器重你呢？

抱怨是懦夫的行径，凡是工作和生活中的勇者，都是不抱怨、敢于负责任的智者。抱怨也是愚蠢者的语言，因为抱怨根本无益于问题的解决，相反，还会转移你的注意力，使你不能集中精力考虑对策。在关键时刻，还可能会延误时机，让事情变得更糟。因此，对于出现的问题应该以负责的态度积极动脑筋、想办法，去解决问题，这种做法比没有任何积极意义的抱怨要明智得多。

人生是一条荆棘密布的小路，到处都可能隐藏着陷阱，我们不知道何时何地会遭遇怎样的挫折。不过，有挫折并不可怕，关键看你如何面对。态度不同，结果就不同。负责任的人不会抱怨，只会把挫折当成一种别样的财富。那些在职场上取得瞩目成就，最终成功地实现了自己人生价值的人，无不经历了重重磨难，他们跌倒了又爬起来，屡战屡败，又屡败屡战，最终闯过艰难险阻，走向成功。

工作中遇到的各种困难和烦恼，其实都是对人生的历练。玉不琢不成器，要想在职场中褪去束缚你发展的外衣，就要经历处处不如意的痛楚，如此才能破茧成蝶，占领人生的高地。不经历风雨，怎么见彩虹？面对让你烦心的种种，你何不收起抱怨，代之以责任感、进取心呢？唯有如此，这些磨难才能助你走向成功，成为对你有用的财富。

◆ 带着激情工作，才能创造成就 ◆

　　人生旅途中总是沼泽遍布、荆棘丛生，追求目标的过程中总是山重水复，不见柳暗花明。在这段曲折的道路上，很多人失去了乐观和激情，让消极悲观的情绪趁机笼罩了内心，让自己生活在没有阳光的阴霾之中。

　　也许，你正无奈地看着青春渐行渐远，感叹时光如梭、岁月老去，而自己却始终与成功无缘。但你有没有想过：是什么导致了今天的局面？你在这里为了逝去的日子感叹、懊悔，为何不拿出激情面对现实呢？或许，就在你为错过月亮而哭泣的时候，你也错过了繁星。

　　工作中，有些人常常是虎头蛇尾，或者是三分钟热度，开始的时候可能对工作还有点兴趣，因此他们还能付出努力，等到一段时间过去，工作热情也就没了。要知道，工作不是小孩子的糖果，想吃的时候哭着闹着要，不想吃了就随手一扔，这样的工作态度是无法取得良好业绩的。

春秋战国时期，郑国与宋国之间常有战事发生。

有一次，郑国准备出兵攻打宋国，于是宋国派出大元帅华元为主将，率军阻击。

在两军交战前夕，华元为了鼓舞士气，于是下令宰牛杀羊，好好犒赏将士们，但是，由于公务繁忙，华元一时大意忘了分给他的马夫一份。

马夫于是耿耿于怀："我没有吃到肉，你也别想把仗打胜。"

于是，在两军交战时，马夫一点都提不起精神，他懒懒散散地驾驶着战车，根本不像是在战场上打仗，倒像是在集市上闲逛。后来，他甚至把战车赶到敌人郑军那里，让华元被郑国人轻轻松松地活捉了。宋国军队失去了主帅，乱了阵脚，很快被郑军打败了。

后来，这个马夫也被郑国处死。

面对工作，我们需要保持一份激情，带着这份激情上路，才能让前进的脚步轻快而坚定。生命的价值，事业的成功往往需要一颗充满激情的心。激情，可以创造奇迹。如何才能让激情的干柴堆越烧越旺，并形成燎原之势呢？责任心，就是点燃激情的火种。

内心充满激情的人，总是以微笑面对生活，总是能够以饱满的热情跑在别人前面。所以，别再垂头丧气，别再情绪低落，给自己多一点鼓励，让自己多一点激情。只有这样，你才能够在遇到打击、困难的时候，义无反顾地向前走。

杰克·沃特曼退伍后，加入了职业棒球队，后来成了美国著名的棒球运动员。可惜，他的动作疲软无力，总是提不起精神，最后被球队经理开除了。

经理说："你一天到晚慢吞吞的，一点都不像在球场上混了20多年的职业选手。离开这里，不管你去哪儿，做什么，如果你还是没有责任心、没有激情，那么你永远都不会有出路。"这句话深深地印在了杰克的心里，那是他有生以来遭受的最大打击。

杰克牢记着这句话离开了原先的棒球队，加入了亚特兰大队。之前，他的月薪是175美元，现在他的月薪降到了25美元。薪水如此少，但他告诫自己，一定要努力，做起事来不能再缺少责任心和激情。在加入球队10天以后，一位老队员介绍他到得克萨斯队。在抵达球队的第二天，杰克发誓，要做得克萨斯队最有激情的队员。

杰克真的做到了。他一上场，身上就像带了电一样。杰克强力地击出高球，让对方的双手都麻木了。当时的气温高达华氏100度，他在球场上跑来跑去，很有可能中暑。但是，由于杰克的激情感染了大伙儿，队友们也都兴奋起来。杰克的状态也出奇地好，简直是超水平发挥，他不断地为球队得分。

第二天早晨，当地的报纸上说："那位新加入的球员，无疑是一个霹雳球手，全队的其他人都受了他的影响，充满了活力和激情，他们不但赢了，而且是本赛季最精彩的一场比赛。"杰克看到报纸，上面的报道让他非常兴奋，这更让他坚定了保持激情的决心。

由于杰克的激情和他的出色表现，他的月薪从原来的25美元一下子提高到 185 美元。在后来的两年里，他一直担任三垒手，薪水涨到了750 美元。

有人问他："你是怎么做到这一点的？"

杰克说："因为一种责任感产生的激情，除此之外，没有任何别的原因。"

杰克·沃特曼的人生辉煌就是用激情创造的。

激情，是一种能把全身的每一个细胞都调动起来的神奇力量，它能促使人们发挥出平时不曾达到的水平，并感染团队中的每一个人，使工作变得主动而有效率。如果一个人充满激情地对待工作，那么他就会认为自己所从事的工作是世界上最神圣、最崇高的职业。相反，那些没有激情的人，会逐渐厌倦自己的工作，这样的人又能有多大的成就呢？

作家拉尔夫·爱默生说："热情像糨糊一样，可让你在艰难困苦的场合紧紧地黏在这里，坚持到底。它是在别人说你不行时，发自内心的有力声音——'我行'。"这就是说，一个人如果没有激情，就不能把工作做好，而一旦对工作充满高度的激情，便能够把枯燥乏味的工作变得生动有趣，让自己充满活力，进而取得不同凡响的成绩。

人生路上的每一次进步，职场生涯中的每一次飞跃，工作中迸发出的每一个智慧的火花，无一不是激情创造的奇迹。保持激情，就是保证自己拥有不断提高的动力。生活如果丧失了激情，那就如同白开水，没有味道，也不会精彩；工作缺少了激情，就如同汽车没有了油，很难跑得起来。那么，如何才能保证对工作持续不变的激情呢？这就需要对工作有一颗很强的责任心。

可以说，责任心是激情的"发动机"，它是点燃激情、拥有积极精神力量的火把，可以把全身的每一个细胞都调动起来，让人主动、积极地面对工作中所遇到的一切困难，不断提高工作能力，成就事业上的辉煌。

工作是很懂得"感恩"的，你为它付出十分的激情，它会回报你十二分的业绩。因此，若想在工作中脱颖而出，实现自己的价值，你就必须时刻保持对工作的责任感。责任心会引爆你的激情，而当这种发自内心的巨大精神力量转化为工作中的行动时，定能促使我们排除疑惑，更加自信；也能使我们坚定目标，全情投入；还能使我们坚持到底，收获成功，最终创造出辉煌的业绩，在职场中立于不败之地，品尝到成功的喜悦。

责任心是点燃工作激情的火种。无论你现在从事什么样的职业，处在什么样的职位上，不管你现在面对着什么样的困难，记住，保持一颗强烈的责任心。只有这样，你才能一直保持有激情的工作状态，将工作做到尽善尽美。在经历工作的千锤百炼之后，责任心定能让你在激烈的竞争中取胜，成为职场中的佼佼者。

—◆ 尽职尽责，才能尽善尽美 ◆—

时下，有些人每天都在想办法寻求成功的捷径，恨不能一夜之间成为世界首富。他们不愿踏踏实实地按照正常的步骤去做好手头的工作，他们不努力、不用心地做事，凡事得过且过。

天下没有免费的午餐，职场上也不会有一步登天的奇迹。那些整天等着天上掉馅饼，想要脱颖而出、一举成名的人，只会渐渐丧失应有的责任心，让自己的工作效率越来越低，漏洞和错误百出。这样的人，根本无法在工作中积累经验，更谈不上提升实力、取得成功了。

所以，要想早日成功，必须有拿得出手的工作业绩，没有责任心，没有完美的工作，怎么能吸引老板的眼球，得到提升的机会呢？

石油大王洛克菲勒年轻的时候，曾经在一家小石油公司工作。

生产车间里有这样一道工序：装满石油的桶罐通过传送带输送至旋转台上以后，焊接剂从上方自动滴下，沿着盖子滴转一圈，然后焊接，最后下线入库。洛克菲勒的任务就是注视这道工序，查看生产线上的石油罐盖是否自动焊接封好。这是一份简单枯燥，甚至连小孩儿都能胜任的工作。

没几天，洛克菲勒就厌倦了这份没有挑战性的工作。他本来想辞掉这个工作，但苦于一时找不到其他工作，只好继续坚持着。后来，他想，既然自己在做这份工作，就应该对这个岗位负责，把这个简单的任务做好。于是，他就认真地观察起这道工序来。他发现，每个罐子旋转一周的时候，焊接剂刚好滴落39滴，然后焊接工作就完成了。

几天后，洛克菲勒有了一个新的发现：焊接过程中有一道工序，其实并没有必要滴焊接剂，也就是说只需38滴焊接剂就能把工作完成。"这样不就给公司造成浪费了吗？"他认为自己有责任解决这个问题。

洛克菲勒经过反复试验，发现了一种只需38滴就可完成工作的焊接方法，并将这一做法推荐给了公司。老板非常高兴，他做出了一个惊人的决定：聘用洛克菲勒为这家公司的高管。很多人都非常不服气，他们认为那种只需38滴焊接剂就可完成工作的方法并没有什么出奇之处，别人也做得出来，为什么单单提拔洛克菲勒呢？

老板认真地回答，这个工序上有很多员工，但是只有洛克菲勒一个人想到了要为公司节约这一滴焊接剂，看似是一件小事，但是它反映了洛克菲勒有很强的责任心。更何况，别小看这 1 滴焊接剂，它每年能为公司节省 5 亿美元的开支！

任何企业都需要全心全意、尽职尽责的员工，因为只有尽职尽责才能把工作做到完美，而员工完美的工作就能成就企业的强大竞争力。不管你从事什么样的工作，平凡的也好，令人羡慕的也罢，都应该尽职尽责，追求完美，这不仅是一个人的基本职场素养，也是人生成功的重要因素。

人人都渴望成功，期待得到老板的垂青，在职场上不断得以晋升。有些员工总是抱怨老板不给自己机会，然而当升迁机会来临时，却发现自己平时没有积蓄足够的学识与能力，以致不能胜任，只好后悔莫及，眼睁睁地看着机会溜走，或者被其他同事抓住。

在职场上升职，意味着你可以站在更大的平台上，行使更高级别的权力。同时，也意味着老板对你有更高级别的要求，你要承担更多的责任。为了升职，员工需要跟很多人竞争，如果你没有得到这个职位，不要抱怨老板不给你机会，而是你的能力和经验还没有提升到相应的层次。

要升职先升值。升值包括个人文化、工作经验、工作能力等各方面的提升，是一个人成长为更加成熟和完善的职场人士的过程。对于员工来说，只有自己有了价值，才能得到更多的关注和重用，才能升职。因此，在工作中每个人都要加强责任心，把手头上的任何工作都做到完美，不断增强自己的竞争优势，不断地自我升值，这样才能脱颖而出，获得难得的升职机会。

责任心是完美工作的保险丝。有了责任心才能重视自己的工作，才能对自己高标准、严要求，才能要求工作结果精益求精，产生完美的工作成果。任何一个老板都希望自己的员工把任务做到完美，把业绩做到极致。同时，在这个精益求精的工作过程中，员工得以展现自己的才华和能力，体现自己的责任心，凸显自己的个人价值。这是获得老板认可的重要途径，更是成就个人职场辉煌的保证。

在职场上，有些人因为出身卑微，或学历不高，或饱经挫折，就否定自己，放弃了梦想。但也有一些人，总在兢兢业业地做着他们该做的事，即使自己的职位非常卑微，也丝毫不会减弱对工作的热情，他们就像马丁·路德·金说的那样："如果一个人是清洁工，那么他就应该像米开朗基罗绘画、贝多芬谱曲、莎士比亚写诗那样，以同样的心态来清扫街道。他的工作如此出色，以至于天空和大地的居民都会对他注目赞美：瞧，这儿有一位伟大的清洁工，他的活儿干得真是无与伦比！"他们不会因为职务的卑微而轻视工作，只会通过不断地进步和努力地付出，确保完美地工作。有人觉得这种行为很傻气，可事实上，他们在这个过程中提升了自己的价值，赢得了老板的赏识，一点点地朝着自己的理想靠近。

也许你感觉自己在工作中已经做得非常好了，但你是否真的已经竭尽全力把每件事情完成得尽善尽美了呢？当你想要偷懒、想要抱怨、想要放弃时，记得提醒自己：责任感是完美工作的保证，只有把工作做到完美，才能实现自己心中的愿望，才能让职场之路一帆风顺。

第四章

在责任面前不逃避：
责任面前，不应袖手旁观

责任胜于能力。

既然选择了工作，就要承担到底，

任何时候都不能逃避推卸责任。

有责任心的员工，工作中乐于付出，能勇于承担责任，

也只有这样，才有更多的机会被委以重任。

◆ 不必事事都等老板交代 ◆

有些人在工作中就像是小孩子玩的木偶，"拨一拨转一转，不拨绝对不转"。这些人有的是因为懒惰成性，得过且过，不愿意多付出一点儿劳动；有的是因为害怕做得不好会被批评，抱着不求有功，但求无过的想法；还有的人是觉得公司的兴衰跟自己没多大关系，事不关己高高挂起。这些想法和行为，都是没有责任心和没有担当的表现。

公司给每个人的职场发展提供了一个舞台，在这个舞台上如何表演很大程度上取决于自己，老板只能指出一个前进的方向，职场人生的最终走向还是要靠自己决定。如果事事都被动地等待老板的吩咐，不敢主动承担一点责任，那么供你表演的舞台就会越来越小，最终你就会沦为配角或者看客，失去你的位置。

要想在职场上获得更大的空间，那么在责任面前就不要置身事外，有些事情需要自动自觉地去做，不要一切工作都等着老板交代。

艾伦是诺基亚公司成千上万员工中的一名，入职以来，他一直在手机研发部负责设计和改进手机机型的工作。

每天，艾伦都机械地完成主管安排给他的任务，按部就班地过着日子。过了一段时间，艾伦觉得自己一点工作主动性都没有，每天做完主管安排的工作以后就无事可做，有时甚至会剩下半天的闲暇时间。他觉得这样浪费时间很不负责任，于是他想给自己另外找些工作来做。

一位同事了解了艾伦的想法后，劝他说："现在我们的诺基亚手机已经是世界著名品牌了，不管是技术性能，还是外观形象，都已经达到了一定的高度，要想再有一个质的飞跃是很难的。况且，公司又没有给我们安排新的设计任务，你又何必做费力不讨好的事情呢？"

虽然同事说得有些道理，但艾伦每日里除了完成公司下达的任务以外，总是主动而努力地做些工作。他满脑子考虑的都是如何做一个新的设计，再让诺基亚有一个质的飞跃，以便符合消费者的需求。

艾伦经过认真考察发现，当时几乎所有的时尚男女都佩戴着手机、一次性相机和袖珍耳机，于是他万分惊喜，立即按照这种想法研制具有拍摄和收听音乐功能的手机。很快，这种手机研制成功了，它一推向市场，就大受消费者的青睐，并且很快风靡了全世界。

毫无疑问，艾伦的职场生涯也因此变得充实而充满成就感。

公司的兴衰关系到每个人的发展，不要把公司和自己割裂开来，认为公司的事情不是自己的事情，老板没有安排的工作就不是自己的工作。公司发展好了，每个员工都会受益，如果公司不幸倒闭了，那么谁都要卷铺盖走人。

对待工作应当有责任心，积极主动地投入到工作中，而不是事事等待老板吩咐，被动地接受指令，变成没有老板指挥就成为"死物"的木偶。

事事等待老板交代的人，很容易成为"按钮式"员工，每天按部就班地工作，但工作时却缺乏活力，少了创新精神，仅仅满足于做好老板交代的事情，对于"分外之事"他们视若不见、充耳不闻，哪怕油瓶倒了他们也不会伸手扶一扶。这种工作方式很明显失去了人的主观能动性，把自己仅仅当成会说话的"工具"，从本质上来讲，这种消极的工作方式就是不负责任。

一天晚上，天突然下起大雨，货场里恰好有一批怕淋的货物运到，装卸工人们都又冷又累，谁都不想去盖好篷布，只有刚来的一个小伙子爬到垛上，招呼大家帮忙盖一下。工人们都说："我们是干装卸的，老板又没让干那些，货物淋了跟我们又没关系。"他们没有一个"操闲心"的。

货场的老板不放心，冒雨到来看到了这一幕。老板当时没说什么，帮着那位小伙子把篷布盖好就走了。

第二天，这帮装卸工就被辞退了，货场老板只留下了那位盖篷布的小伙子，让他担任工头，招募一批有责任心的工人。

企业团队是由每个员工组成的，企业的命运跟每一个人都密切相关，团队中的每一个成员都应该贡献自己的全部力量，责任面前不能退缩，不要再以"老板没交代"为由来逃避责任，要勇于担当。

在竞争异常激烈的职场中，落后就要挨打，主动才可以占据优势地位。我们的事业，我们的人生，并不是上天安排好的，而是我们自己创造的，勇于担当就能获得更多的机会。工作中，员工应该多想想"我还能为老板做些什么"，当额外的工作出现时，要把它看成锻炼自己的机会，积极主动地行动起来，尽量找机会为公司创造额外的财富。这个过程能够提升员工的个人能力和价值，让老板觉得这样的员工物超所值。升职加薪的机会来了，老板自然会首先选择积极主动、肯负责任的人提拔。如果什么事情都需要老板来吩咐，你的职场生涯便充满了危机，这样的人肯定是提拔在后、解雇在前。

老板也是凡人，不可能事事照顾周全，尤其老板身处高位，事务繁多，方方面面都要牵扯精力，因此有些事情他难免是看不到的。比如老板偶然漏掉了一项日常性的工作没有交代，而这又是在员工权限范围之内的，员工就应该挺身而出，主动负责起来，把这项工作做好。

主动负责地去工作不但锻炼了员工的能力，同时也为员工的个人价值的实现增添了砝码。

李开复曾说："不要再只是被动地等待别人告诉你应该做什么，而是应该主动地去了解自己要做什么，并且规划它们，然后全力以赴地去完成。想想在今天世界上最成功的那些人，有几个是唯唯诺诺、等人吩咐的人？对待工作，你需要以一个母亲对孩子般那样的责任心和爱心全力投入，不断努力。果真如此，便没有什么目标是不能达到的。"记住，企业和老板只会给你提供舞台，能演出什么精彩的节目、获得多少喝彩和掌声则需要自己排练。

责任面前，不要再置身事外，有些工作不必再等老板交代。拿出员工应有的责任心来，主动去做老板没有交代的事情，并把这些事做好，这也是锻炼自己的机会，是实现个人价值的有力保证。当然，勇于担当并不是把什么工作都往自己的身上揽，做老板没有吩咐过的工作要注意一个权限的问题，我们必须要考虑清楚自己做的事情是不是老板最需要的，公司最需要的，要在不破坏公司各种秩序的情况下，积极主动地去做额外的工作。明确哪些工作是我们不可以触碰的"雷区"，否则就有可能触及自己权限以外的事务，比如越俎代庖地插手公司的人事工作，这样就有可能触到高压线，受到老板的批评，进而打击我们的工作积极性，也不利于我们的职场生涯。

◆ 责任面前，不推卸 ◆

足球场上，有一种很"独"的人，总是自己带着球满场飞奔，不传球给队友，不懂得跟别人配合，以至于减弱了集体的整体力量。在职场上，情况却刚好相反，有些人犯了错误以后，对于责任这颗"足球"恨不得有多远躲多远。当责任"不幸"降临到自己头上的时候，马上大脚开出，传给别人。这两种人，都不受人欢迎。

有人觉得，犯错是不能胜任工作的表现，会给别人留下能力不强的印象，从而对今后的加薪与晋升有所影响，甚至还会被老板炒鱿鱼。因此，他们不敢主动承担责任，对责任能推就推，绝不"客气"。

然而，人非圣贤，孰能无过？知错能改，善莫大焉。逃避责任不是解决问题的办法，反倒会给人留下不负责任的印象。

30多岁的李海是一家家具销售公司的部门经理，虽然他在这个行业做过多年，很有经验，但是对待工作却责任心不强，非常懒散，犯了错误非常喜欢逃避责任："我没有在规定的时间里把货发出去，是因为老王让我帮忙做其他事情……""我本来不想按照这个价格出售，但是小李认为这个价格的利润空间也不小……"

有一次，他提前得知了一个消息：公司决定安排他们这个部门的人到外地去谈一项非常棘手的业务。他怕办砸了担责任，于是提前一天请了假。第二天，上面安排任务，因为他不在，便直接把任务交代给他的助手，让他的助手转达。当他的助手打电话向他汇报这件事情时，他便以自己身体有病为借口，让助手顶替自己前去处理这项业务。结果因为助手缺乏经验，使这笔业务的利润很低，公司基本上算是白忙活了。

半个月后，老总打电话询问这项业务的过程，李海怕公司高层追究自己的责任，便以当时自己请假为由，谎称不知道这件事情的具体情况，一切都是助手办理的。他为自己辩解说，这不是他的责任，企图让助手来承担责任。其实，李海的助手在跟老总的通话中早就承担了自己的责任，然后又客观地讲述了事情的整个过程。

第二天，李海接到了老总的解聘通知。老总是这样跟他说的："作为部门经理，你没有一点担当，还把自己的责任推给下属，既然你承担不了经理的责任，也就不要占着这个位置，让能负责的人来干吧。"

直到这时，李海才明白了把责任推给别人是多么地不明智。可惜，这笔"学费"昂贵了一些。

在工作中出现错误或失败并不可怕，毕竟没有人能够做到面面俱到、事事完美。可怕的是，没有责任心，不敢承担责任，想把自己的过失掩饰掉，把自己应该承担的责任推诿给他人。很多人没有认识到推诿责任的危害，他们不到万不得已不会承认自己的错误，而且选择对自己的错误加以辩解，像"踢皮球"一样将责任推给别人。老板不是傻子，即使能被你蒙蔽一时，但是纸终究包不住火，等到真相大白的时候，倒霉的还是你自己。

当工作中出现问题的时候，与其将自己的问题推给别人，倒不如大大方方地承担起来。领导不会因为勇于承担责任而处罚员工，相反，他们会更看重员工在出现问题时所体现的工作责任感。如果工作一出现问题员工就推卸责任，老板自然就会选择那些敢于承担责任的人，为他们创造更多的成功条件。

如果员工能够勇于承担责任，肯从自己的身上找原因，在错误中能够汲取教训并及时改正错误，那么错误就会变成一笔丰富经验、提高能力的宝贵财富。把自己应该承担的责任承担起来，将责任心体现在工作中的员工，才能得到老板的欣赏和重用，并登上事业的巅峰。

面对工作中的失误，员工如果主动诚恳地承认错误，说明他有敢于承担责任的勇气和信心，这不仅是一个工作态度问题，也是一个品质问题。不把责任的皮球踢给别人。把责任心体现在工作中，甚至是失误中的员工是很容易得到老板欣赏的。

某公司要在内部选拔一名总裁助理，经过多轮筛选后，竞争者最后剩下了3个人。他们接到总裁的通知，到他办公室做最后一次面谈。

在办公室里，总裁指着花架上的一盆兰花说："这盆花价值20万，是稀有品种，是从广西十万大山中运出来的。"总裁又说："我出去一下，麻烦你们把这花搬到窗户边上去。"

那花架看起来很重，三个人决定一起搬。令人意外的是，三个人刚一碰到花架，其中的一条腿就断了，兰花也摔坏了。

总裁闻声而来，询问是谁的责任，其中的一位首先声明自己没有责任："这不关我的事，是他们两个弄的。"

"生产花架的人把花架做得这么差，"第二个人说，"应该去找他们。"

总裁又问第三个人："你认为呢？"

"这是我们的责任，我们本来就有义务做好。"第三个人不卑不亢地说。

听他说完，总裁脸上露出了笑容："你被录用了！那盆花根本不值钱。"

员工必须明白，每个人都需要在工作中承担责任，这是员工的基本职业素养。工作做出了良好的业绩是员工的成绩，出现了失误也是员工的责任，工作中千万不要见好处就上，见责任就让。只有对自己的工作切实负责，以端正的态度对待失误，才是一个优秀员工应有的品质。只有这样，整个企业或者团队才能健康稳步地向前发展，如果大家都把失误的责任推给别人，那就是把企业当成了一块蛋糕，迟早会把企业吃光，然后大家一起饿肚子。如果都能够切实负起责任来，不推诿、不避讳，对自己严格要求，积极进取，那么企业就会像一片田地，在大家的共同努力耕耘下获得越来越丰厚的收获，这样大家才能衣食无忧。

面对自己工作中产生的失误勇于承担，才是真正的负责任。在其位，谋其政，担其责，只有这样，员工才能成就完美的职场人格，实现自己的人生价值，同时有了勇于负责的心态就会在工作中更加尽心尽力，更加积极地开动脑筋想办法，能够减少失误，为自己的企业创造更多的价值，何乐而不为呢？

要想成为一名合格的、优秀的员工，就应该牢记自己的使命，尽职尽责地履行自己的义务，尽最大的努力把工作做好，减少失误。如果出现失误，就要自己承担责任，决不踢皮球，决不推卸责任，如此，才能成长为职场中的中流砥柱。

◆ 老板遇到难题时，员工要施以援手 ◆

职场上，常常听到这样的声音："这是老板需要考虑的事儿，你一个打工的瞎操什么心啊？""听说公司财务状况出问题了，你怎么工作还这么认真呀，还不赶紧想办法另外找个出路？""其实我知道怎么打动这个客户，不过老板让小王负责了，现在拿不下来不关我的事，让老板自己着急好了。"这种对老板的忧难袖手旁观，甚至幸灾乐祸的员工，大有人在。

这种员工，总觉得老板的困难与自己无关，自己该怎么干活儿还是怎么干活儿，该拿多少工资就拿多少工资，对老板头疼的问题一点都不操心。其实，这是缺乏责任心的表现。他们没有把老板当作团队的一分子，老板虽然是员工的上司和雇主，但也是团队的一员，也是与员工休戚与共的同事。老板的困难不能解决，往往会给整个企业带来损失，对每一个员工都会产生不利影响。员工应该勇于承担更大的责任，为老板排忧解难，促进整个企业更好地发展。

宋亮是某公司的人事部经理，最近他发现自己的老板状态不佳。老板的业务能力很强，平时工作效率很高，处理事情井井有条、速度很快。但是这些日子，每次到了下班时间老板还剩下很多事情处理不完，一连好几天都是这样，而且一向谈笑风生的老板总是一副愁眉不展、无精打采的样子。

老板的状态实在是让人无法理解，而且他的意志消沉导致了公司的工作计划没能按时完成。客户对公司的表现已经流露出明显的不满，有的已经对延误交货时间提出索赔要求了。宋亮看到公司因此而受到损失，看到很有才华的老板因此而消沉下去，非常着急。

一天早上，宋亮在汇报完工作之后，用聊天的口气跟老板说："王总，家里都还好吧？"老板说："唉，我正头疼呢！我太太生病住院了。这几天搞得我筋疲力尽的。"

"哦，严重吗？难怪我看您脸色不好呢。"

"其实也没什么，就是现在孩子没有人接了，我晚上还要去医院陪太太，休息时间少，有点累。"

"我看您精神不太好。如果有用得着我的地方，您尽管吩咐。这样您可以多点时间陪陪家人。"

老板听到这番话，很是欣慰。他把一部分工作交给了宋亮，并对宋亮说了一番信任和感激的话。接手工作后，宋亮一丝不苟，力求将每一项工作都做好，遇到不明白或不熟悉的问题，他就主动向老板或同事们请教，非常负责。在他的努力下，公司的工作有了明显的起色，宋亮本人也在工作中得到了更多的锻炼。

后来，谈起这一段经历，老板总是很感激地对宋亮说："那时多亏你主动承担起责任，不然我还真的很难办。"通过这件事，宋亮得到了公司上下的尊敬和赞誉，更是成了老板的好"战友"。像宋亮这样勇于承担责任，能在关键时刻主动替老板分忧、顾全大局的员工有哪个老板会不喜欢呢？

公司的经营和运转跟个人的职场生涯一样，也不会一帆风顺，也会出现许多意外事件，老板也会遇到各种各样的棘手难题。这时候你不要想：反正不是我一个人的事，就算老板自己解决不了，不是还有别人吗？我干吗要做出头鸟，做吃力不讨好的事呢？也不要因为自己职位不高而逃避责任。任何员工，在老板遇到难题的时候都要挺身而出，主动负责，在自己力所能及的范围内为老板排忧解难。

在不少企业里，有些员工不仅不能主动帮助老板解决问题，甚至在自己没有做好工作的时候会直接把问题丢给老板，把本该属于自己的责任推给上司。他们会貌似恭敬地说："您看怎么办？"可以说，这种做法实际上是在推卸责任，员工可以向老板请教、寻求帮助，但不能把自己的工作责任也推给老板。这种做法使很多老板不得不亲力亲为，去做下属做不好的事情，别说员工主动为老板排忧解难了，有些老板甚至还要悲哀地给下属收拾烂摊子，这是企业最大的不幸。

老板也是普通人，他们外表看起来很荣耀，可实际上都承受着巨大的压力。除了工作上的事情，他们在家庭中也担负着很重的责任。在工作和生活中遇到难题的时候也会着急、发愁。也许这些工作老板没有安排给你，但问题的存在却阻碍了整个公司的发展。在这个时候，如果你总能替老板解决难题，老板即使表面上不说，内心里也会领你的情，而且会欣赏你，有机会就会提拔、重用你。因为，在老板眼里，你是一个有责任感的人，是一个能给他提供帮助的人。

如果一个员工不满足于现状，想改变自己在职场上的处境，那么只满足于做好手头上的工作是远远不够的。企业最终的目的是要赢利，在企业的经营过程中，各种风险、难题会纷至沓来，处理不好，就可能遭受灭顶之灾。因此，员工一定要拿出责任心，跟老板同舟共济，渡过难关。在老板遇到难题的时候能够挺身而出、主动承担责任的人，就是企业的"救火队员"，这种员工根本不需要担心得不到老板的关注，遇到问题，老板第一个想到的就是他，升职加薪的机会自然也非他莫属。

在职场上，没有一个老板是无所不能的"超人"，比起普通员工来，他们承受的压力更大，遇到的困难更多，肩上的责任也更重。他们遇到困难时，虽然万分焦虑，但还是要尽量平静地进行日常的工作。作为员工，在老板需要帮助的时候，不要作壁上观，更不能幸灾乐祸或者落井下石，那就不单是责任心的问题了，而是严重的素质问题。这时候，员工应该勇于承担起责任来，做自己力所能及的事情，为老板排忧解难，帮企业渡过难关。这不仅是对企业负责，更是对自己负责，这样的优秀员工才能在职场上有所收获。

◆── 以公司为家，与企业共进 ──◆

有些人把公司当成是自己工作的一个场所，就像一个生产车间或者作坊，完成了工作以后就匆匆离去，毫不留恋。他们觉得公司就是一个临时的落脚点，自己只是一个过客而已，公司的好与坏，与自己无关，大不了跳槽去别的单位。可惜，怀有这种心态的人不管到了哪儿，都不会有好的发展，因为他们没有把公司当成自己的"家"。

其实，每一个优秀的员工，都不会仅仅把公司当作出卖劳动力换取薪水的地方，他们总是把公司当作自己的家，处处维护公司的利益和荣誉，为公司的困难出谋划策，为公司的成长欢呼雀跃，在工作中勇于承担责任，当仁不让地去处理工作中遇到的各种难题，真正把公司的命运跟个人的发展结合起来，实现公司和个人的共赢。

一位年轻的电气工程师，在某大型公司的售后服务部门工作。一个周末的早上，他到一家商城购物，路过电器专柜的时候，无意中听到有人抱怨他所任职的公司的产品质量有问题。那个人越说越起劲，结果有不少人都围过来听他讲。

当时这位工程师正在休假，他是来陪妻子逛街购物的。他本来可以对这件事置若罔闻，自顾自地继续他的休闲生活，没有人会要求他做些什么。但是他对公司有着很强的责任心，对公司的利益非常关心。于是，他走上前去说了声抱歉，然后告诉那位大发牢骚的顾客，自己就在那家被他抱怨的公司工作，希望了解一下他对产品不满意的原因，并且请求这位顾客给他们公司一个机会改善这种状况。最后他保证，他们公司一定可以解决这位顾客的问题。

在场的人都非常惊讶，因为这位工程师当时并没有穿公司的制服，他同自己的妻子也是来购物的。众人看着他掏出手机给公司打电话，请公司立即派出修理人员到那位顾客家中去帮他解决问题，直到他满意为止。

后来，这位工程师还打电话给那位顾客做回访，询问顾客对自己公司服务够不够满意，还有没有需要改进的地方，并对这位顾客再三表示了歉意。结果，这位顾客后来成了他们公司的义务宣传员。这位工程师也受到了公司负责人的高度赞扬，并号召公司全体员工向他学习。

这位工程师没有像某些员工一样，对公司利益漠不关心，在公司里按部就班地干活，出了公司大门就跟公司无关了，不是自己职责范围内的事绝对不管；而是不论何时，都站在公司的立场上，把公司当成自己的家，把公司的利益当成自己的利益，时时处处为公司着想，而不是置身事外，他是以高度的责任心对待自己的工作和公司的。这种责任感，不仅是公司的宝贵资源，更是他自己一生受用不尽的宝藏。每一位员工都应该像这位工程师一样，时刻都应把公司的事当作自己的事，责任面前不要采取观望态度。

任何一个公司，其实就是一个大家庭。老板就像家长，负责指引整个家庭的发展方向，每一位员工都为这个大家庭贡献自己的力量。如果是在真正的家庭里，每个人都会尽心尽力，但是在公司这个"家庭"里，往往有个别员工存在着错误观念，他们认为公司跟自己的关系没有这么密切，哪怕公司垮了对自己的影响也有限，大不了换个工作罢了。

这种观念是错误的。公司就是员工的家，真正优秀的员工应当在责任与薪水之间，更加看重责任，把公司的事当作自己的事，处处维护公司的利益。有了这种意识，员工自然就会具有一种发自内心的力量和无限的动力，遇到问题就不会拖延找借口，也不会抱怨不断，而是积极主动地做好每一件工作。而当员工完美地将工作完成时，自然也就不愁升职加薪的日子会遥遥无期了。

职场中的每一个人都想事业有成，公司就是实现这个理想的一个平台。有些人在工作中脚踏实地，每走一步都能留下自己的足迹，每天都在成长；而有些人却由于各种原因，总是与公司离心离德，始终不肯把自己安稳地放在这个"大家庭"里。久而久之，自己就会成为这个团队的"外人"，这对公司和个人的发展都很不利。

"公司就是自己的家"不只是一句简单的口号，而是每一位有责任感的员工的自我意识所产生的归属感的表达。对于期待事业有长远发展的人来说，更应当把公司看成一个自身生存和个人发展的平台，珍惜工作本身带给自己的除薪水之外的经验、技能等各种报酬。无论薪水高低，在工作中都要尽职尽责、积极进取，做到以公司为家，这才是事业成功者应该具备的心态。

员工只有对任职的公司产生责任感和归属感，才能激发自己的热情，认真、踏实地投入到工作中，兢兢业业，最终实现自己的职业理想。

上汽集团的总裁胡茂元，从 17 岁作为一名学徒进入工厂开始，一直把单位当成自己的家，在这个公司效力了 40 多年，这在当今有些人把跳槽看成家常便饭的人眼中好像不可思议，但正是这种对公司的责任感和归属感促使胡茂元为公司奉献一生的力量，也实现了个人的价值，获得了令人羡慕的成功。

反观那些把公司仅仅当成赚钱场所的人，那些无视自己的岗位责任的人，永远都只能成为公司长远发展历程中的一个匆匆过客，分享不到公司发展给个人带来的巨大收益。因为这样的员工对公司没有归属感，不能尽善尽美地完成工作，也就丧失了获得成长的机会。这类员工无论在哪一家公司工作，都无法出人头地，甚至很可能会被淘汰，永远也不会实现自己的人生价值。

如果员工愿意成为公司这个大家庭的一员，就需要把主人翁的心态持之以恒地贯彻到一切工作当中，真正把自己当作这个集体中的一员，抱着公司兴亡，匹夫有责的责任感和使命感投入工作。把公司当成自己的家，公司就会像家庭一样给你最丰厚、最温暖的回报。

◆ 时刻维护公司利益 ◆

有这样一则有趣的小故事。

一位新娘子过门到新郎家的当天，在走进院子的时候，新娘看到有只老鼠跑过，她回过头对身后的丈夫扫了一眼，笑着说："你们家居然有老鼠！"新郎微笑不语。第二天一大早，睡梦中的新郎被一阵追打的声音吵醒，他看见新娘手拿一根木棍边追边骂："坏老鼠，我今天非打死你不可，居然敢到我们家来偷米！"

从"你们家"到"我们家"仅一字之差，可是新娘子的心态其实已经完全不同。过门之后，她就是这个家的一分子了，所谓嫁鸡随鸡，婆家荣了自己跟着富贵，婆家衰了自己也跟着倒霉。在现代职场上也应该如此，每位员工进入企业后，都应有"过门"心态，树立主人翁意识，加强责任感，明确地知道公司的利益就是自己的利益，要有跟公司一荣俱荣、一损俱损的觉悟。

无论在哪家企业，员工都需要和企业共进退，不能把自己的利益独立于公司的利益之外。员工一旦进入了某家企业，就要像故事中的新娘子一样，迅速地建立起主人翁心态，自觉地承担起责任来。一定不要只看着钱做事，老板给多少钱就做多少事，不肯做"赔本买卖"。有的员工对公司的发展和利益抱着事不关己的想法，游离于责任之外，带着这种思想去干活的人，他的薪水和职位也不会得到提升，甚至会被公司淘汰，最终反而会损害了自己的利益。

无论是生产车间里的普通工人，还是活跃在市场第一线的销售人员，都是凭借自己创造的价值来获得报酬的。那些对工作有着强烈责任感，把公司利益放在第一位的人，为企业创造了更多的价值，得到的报酬自然更多。而一个只对薪水负责的员工是注定不能成为企业的一分子的，更不可能获得升职加薪的机会。因此，我们应该以强烈的责任感积极主动地融入团队之中，为这个企业贡献自己的力量。

现代职场中有一些员工有一种观念上的误区，他们站在公司的对立面上，把自己当作"局外人"，没有新娘子的过门心态，对"你们"公司的兴衰成败漠不关心，他们没有意识到自己和企业其实是利益共同体、风险共同体，甚至是命运共同体，而是在心里想："企业是老板的，又不是我的，发展了或者倒闭了，都与我没有多大关系，我不需要瞎操心。"如果把这样的人也比作新娘子的话，那这种新娘子肯定是败完家会立马改嫁的人。这样的"媳妇"又有哪个婆家会喜欢呢？能不给你一纸休书让你卷铺盖走人吗？

一个不为企业着想，把企业利益跟个人利益割裂开来的员工，即使工作再长的时间，也只能是一名普通职员，不会有更大的发展。这样的人依赖着企业，却没有为企业出力的想法，只盯着索取，不知道回报，这种毫无责任感的人自然毫无价值可言，老板也不会给你更广阔的舞台和丰厚的回报。

工作意味着责任，一个把公司利益和自己利益统一起来的员工，则会带着百分之百的责任感，全身心地投入其中，尽可能地为企业发展贡献自己的力量，为公司创造最大化的价值。他们这种主人翁的精神，为企业创造更多价值的同时，也提升了自己的价值。所谓"水涨船高"，老板自然会感激为公司付出的员工，并回报他们。

有责任感的员工，一定会把自己的利益和公司的利益结合起来，努力为公司创造利益。如果把公司比喻成一艘大船的话，员工就是在公司这艘大船上乘风破浪的水手，要想顺利到达彼岸，就要靠公司这艘大船平稳高速地行使。如果员工对公司没有责任心，任凭这艘大船遭受风吹浪打，不采取任何措施规避险滩暗礁，那么这艘大船是很难顺利航行的，闹不好还要落得个船毁人亡的可悲下场。如果到那个时候水手们才想起与大船休戚与共，就悔之晚矣了。

如果你也想在职场上大展拳脚，做出一番事业来，就要像故事中的新娘子一样，把公司的利益跟个人利益统一起来，抱着高度的责任心为公司创造更大的利益。这样，你才能够水到渠成地收获自己的利益。

第五章

在责任面前无借口：
自动自发，没有任何理由

责任不是空话，而是一种使命感。
责任不分大小，无论轻重，都要勇于担当。
一个勇于担当的人，才能充分展现自己的能力，
因为责任承载着能力。

◆ 找借口，就是推卸责任 ◆

有些人不敢担当责任，他们善于寻找各种各样的借口来为自己的失职推脱。"我可以早到的，如果不是下雨堵车。""那个客户太挑剔了，我无法满足他。""手机没电了，所以我没有联系上那个客户。"只要用心去找，借口就像海绵里的水，总是有的。

这些人宁愿绞尽脑汁去寻找借口敷衍塞责，也不愿意多花点心思把事情做好。借口或许可以让这种人暂时逃避困难和责任，但是时间长了，推卸责任就成了一种习惯。借口说出来很容易，但是要消除在老板心中的坏印象就难了，这对个人的发展是很不利的。

某家大型企业最近一个月的业绩明显下滑，老板非常着急，于是召集各部门负责人开了个月度总结会。在会议上，老板让公司的几个负责人讲一讲公司最近销售方面发生的问题。

销售经理首先站起来说："最近销售做得不好，我们部门有一定的责任。但是，主要原因不是我们不努力，而是竞争对手纷纷推出新产品，他们的产品明显比我们的好。"

研发部门经理说："最近，我们推出的新产品非常少，但是我们是有实际困难的。原本不多的预算，后来被财务部门削减了不少。依靠这些资金，我们根本研发不出有竞争力的产品。"

财务经理说："我是削减了你们的预算，但是你们要知道，公司的采购成本在上升，我们的流动资金没有多少了，公司面临很大的财务压力。"

采购经理忍不住跳了起来："不错，我们的采购成本是上升了，可是，你们知道吗？东南亚的一个锰矿被洪水淹没了，导致了特种钢的价格上升。"

大家说："原来如此。这儿说，这个月的业绩不好，主要责任不在我们啊，哈哈……"

最后，大家得出的结论是：应该由矿山承担责任。

公司的老板面对这种情景，无奈地苦笑道："矿山被洪水淹了，这样说来，那我们只好去抱怨该死的洪水了？"

故事中的那些部门经理不但不承担自己的责任，积极主动地寻找解决办法，反而尽力找借口推脱。一旦所有的部门都形成了这种风气，就会造成整个团队的战斗力锐减。大家对公司的利益漠不关心，最终这个企业将走向没落，树倒猢狲散。公司和个人都要为这种推卸责任的恶习埋单。

实际上，任何借口都是在推卸责任。在责任和借口之间，选择责任还是选择借口，体现了一个人的生活和工作态度。在工作过程中，总是会遇到挫折，是迎难而上还是做一只把头埋在沙子里的鸵鸟？如果总是找借口推卸责任，就很难给自己带来不断进步的动力，即使工作上出了什么问题，你也不会从中汲取教训，学到东西。但是，有了机遇或者好的职位，同样也轮不到你。

在1968年墨西哥城奥运会马拉松比赛上，坦桑尼亚选手艾克瓦里吃力地跑进了奥运体育场，他是最后一名抵达终点的选手。

这场比赛的优胜者早就领了奖牌，庆祝胜利的典礼也早已经结束。因此，艾克瓦里一个人孤零零地抵达体育场时，整个体育场已经空无一人。艾克瓦里的双腿沾满血污，绑着绷带，他努力地绕完体育场一圈，跑到终点。在体育场的一个角落，享誉国际的纪录片制作人格林斯潘远远地看着这一切。接着，在好奇心的驱使下，格林斯潘走了过去，问艾克瓦里，为什么这么吃力地跑至终点，为什么不放弃比赛呢？

这位来自坦桑尼亚的年轻人轻轻地回答说："我的国家从两万多公里之外送我来这里，不只是让我在这场比赛中起跑的，而是派我来完成这场比赛的。"

多么感人、质朴的话语。假如艾克瓦里中途放弃的话，没人会怪他，而且会有"第一次参赛，经验不足"、"状态不佳"的借口，坦桑尼亚人估计还会说他虽败犹荣……但是，他用实际行动向世人证明责任需要的是承担而不是借口。他以另一种方式赢得了全世界的尊重，这种尊重甚至超过了奥运会冠军。

在工作中遇到了问题，特别是难以解决的问题，可能让你懊恼万分。这时候，千万不要为自己找借口、推卸责任。借口找多了，人会疏于努力，不再设法争取成功，而把大量的时间和精力放在如何寻找一个合适的借口上。任何一个老板都会欣赏勇于承担责任的员工，不喜欢什么事情都有借口的"废物"，找借口、推卸责任只能让员工在职场的道路上走下坡路，最终沦为碌碌无为的庸才。

在工作中，无须任何借口，许多失败，就是那些一直麻痹着自己的借口导致的。迟到了就是迟到了；事情办砸了就是办砸了；项目失败了就是失败了，再好的借口也无济于事，再美丽的谎言也不过是不负责任的遮羞布。如果那些一天到晚总想着如何找借口的人，肯将一半的精力和创意负责任地用在工作上，他们一定能在职场上取得卓越的成就。

优秀的员工从不在工作中寻找任何借口，他们总是把每一项工作尽力做到超出客户的预期，最大限度地满足客户提出的要求，而不是寻找各种借口推诿；他们总是出色地完成上级安排的任务，替上级解决问题，而不是强调困难；他们总是尽全力配合同事的工作，对团队的责任从不找任何借口推脱或延迟。"没有借口"看似冷漠、缺乏人情味，但它却可以激发一个人最大的潜能。如果员工能够将找借口的创造力用于寻找解决问题的方法，情形也许会大为不同。

那些实现自己的目标，取得成功的人，并非有超凡的能力，而是有超凡的心态，他们从不找借口推卸责任，而是勇于承担，竭尽全力去圆满地完成任务。在现实生活中，职场上缺少的正是那种想尽办法去完成任务，而不是去寻找借口的人。工作之中不找任何借口，体现的是一种负责、敬业的精神，这种精神是所有企业和团队的宝贵财富。

不找借口推卸责任的人能积极抓住机遇，创造机遇，而不是一遭遇困境就退避三舍、寻找借口。想要在职场上获得成功，就必须改正把问题归咎于他人或者周围环境的习惯，停止寻找或高明或笨拙的借口，勇敢地担起自己的责任。在自己的岗位上，尽最大的努力把事情做好，一切后果自己承担，决不找借口，不推卸责任。如此，才能在职场这个战场上攻无不克，战无不胜。

◆ 守时惜时，也是一种责任 ◆

惜时守时是中华民族的传统美德，也是一个人的基本道德品质，更是员工在职场上立足的最基本的职业素养。那么，何为惜时守时呢？即对时间惜之、珍之，严守约定，按时上班、按时赴约、按时参加会议等，不拖拉，不找借口，惜时守时是对工作尽职尽责的一个基本要求。

然而，很多人在工作中做不到惜时守时，他们经常挂在嘴上的是各种各样的借口："不好意思，路上堵车了，我迟到了"、"今天睡过头了"、"我记错时间了"，等等。对工作不守时既是对他人的不尊重，也是对自己的工作不负责任，要成就一项事业或者在职场上出人头地，做不到惜时守时是不行的。

托马斯·威廉是一家公司的业务员，他打电话给客户康纳德先生，约好第二天上午10点钟前去拜访，康纳德先生欣然答应了。第二天早上，威廉按照他预计的时间乘车前往康纳德先生的公司，这家公司位于城市郊区的一个小镇上，城市和小镇中间隔了一条河，威廉只能乘车到河边，然后步行去小镇。

来到河边时，一个好心的路人告诉威廉，他不能再往前走了，因为河面上那座桥前一天晚上坏了，很危险。威廉下了车，看了看桥，中间的确已经断开了一大截，人是过不去的。"附近还有别的桥吗？"威廉焦急地问。

路人回答说："有，不过在河的上游，离这里3.5公里远。如果你现在赶过去的话，还需要40分钟的时间。"

威廉看了一眼表，已经9点半了。他计算了一下，如果现在去走上游那座桥的话，那么再到康纳德先生的公司就迟到了，怎么办呢？威廉环视了一下四周，看到一个伐木工人，他想到了一个办法，就是用圆木搭在桥上走过去。于是，他跟那位工人商量高价租赁他几根木头搭桥，过了桥之后就还给他。很快，伐木工人就把几根木头架在了桥上，威廉谢过伐木工人后，平安地过了桥，一路飞奔，终于在10点之前赶到了康纳德先生的公司。

由于某些原因，他们的生意当时并没有谈成，威廉也没有对康纳德先生提起自己为了按时赴约而租木头过河的经过。但是后来，康纳德先生无意中听人讲了此事，于是他主动打电话给威廉："在我看来，对工作守时的人是非常值得信赖的，我愿意和您合作。您还有兴趣吗？"

就这样，康纳德先生成了托马斯·威廉的忠实客户。

优秀的员工之所以优秀，就归功于他们在工作上的守时，对时间的有效控制，从而变成了时间的主人。这样的人，很容易得到别人的好感和信赖，容易赢得更多的成功机会。现实生活中，很多成功的人都把严守时间当作工作的座右铭。他们认为，要干成一件事，没有严格的时间观念不行，为自己的不惜时、不守时找借口的人是不负责任的，当然也是不可信赖的。

惜时守时是有责任心的表现，为自己的不守时找借口，是很拙劣、很不负责任的行为，这种人很快就会失去同事或者合作伙伴的信赖，因为没有谁会愿意跟一个浪费自己时间的人打交道。这种没有责任心的人，办事不能让人放心，老板不会喜欢，客户不会喜欢，同事也不会喜欢的。试问，这种人在职场上怎么可能取得大的成就呢？

有些人上班迟到，"不好意思，路上堵车了"成为了那些不守时员工说得最多的话，因为在他们的意识里迟到一两次没事儿，将时间观念置诸脑后。诚然，谁也不能保证预料之外的情况发生，但是不能为迟到寻找借口，不能为失职寻找理由。老板允许偶尔的特殊情况发生，但是他们不能容忍员工为自己找借口，这是对自己工作的不负责，这是在推卸自己本该承担的责任。如果给老板留下这样的印象，那就很难获得老板的认可和信任了。

卡耐基大师曾说过："如果你想结交好朋友、成为有影响力的人，就要做到准时。"的确如此，在工作上惜时守时的人总是容易取得老板、顾客以及同事等每一个人的好感和信赖。

在职场上奔波的人，要做到惜时守时并不是非常困难的事情，其实只要加强一点责任心就够了。不要再为自己的不守时寻找蹩脚的借口，要对自己负责、对工作负责，做到惜时守时，做个有担当的人。如此才能立足于现代激烈竞争的社会，做一个合格且成功的职业人。

◆ 果断行动，不为拖延找借口 ◆

在公司里，人们经常会听到同事这样说："今天任务很轻松，我先喝杯茶再做吧。""离下班还有三个小时呢，等会儿我再做也不迟。""报告不是周末才交吗？今天不用急。"这种拖延工作的借口乍听上去似乎没什么不妥，反正不耽误事就行了，细细思量，却根本不是这么回事。

时间管理专家皮尔斯曾这样说过："千万不要以为拖拖拉拉的习惯是无伤大局的，它是一个能使你的计划、抱负落空，破坏你的幸福甚至夺去你的生命的恶棍。"为拖延找借口的员工对于自己的工作缺乏必要的责任心，他们只是被动地完成任务而已：如果时间充裕，他们就会浪费；如果时间刚好或者稍微有点紧张，他们的工作就不能按时完成。他们早已为自己的懈怠找好了借口："等会儿再做好了。"殊不知，在你"等会儿"的时候，成功的机遇已经悄悄溜走，一去不回头了。

艾佳在一家网络公司做网站编辑，她很有才华和创新精神，但是她的效率也总是让人不敢恭维。在工作中，她总是拖拖拉拉，时常不能按时完成老板布置的工作任务，还总为自己的拖延找理由。

有一次，老板将新签约的一个产品宣传方案交给艾佳，并告诉她客户非常急切，要求必须在三天内完成。艾佳接过任务，心想还有三天时间，便将工作暂时放在一边，不急不慌地偷个菜，刷新下"围脖"，浏览一下团购网站看看有没有便宜货……

当艾佳玩了两三个小时，准备开始工作的时候，却被人力资源部门的领导叫去参加一个半天的培训班。等到培训结束回到办公室之后，艾佳又不慌不忙地泡了杯咖啡，这才翻开了那个方案。不过，等到她心不在焉地准备着手时，她发现还有半个小时就下班了，于是她干脆停下来等着下班。她想："不着急，等明天再做工作吧!"

第二天到了公司，艾佳想起好久没有玩以前的一款游戏了，先玩会儿再工作吧。就这样边玩边工作，很快一天的时间过去了，这时候方案完成了还不到一半。

第三天依然如此，正当艾佳玩得兴高采烈时，老板的电话来了："艾佳，工作进行得怎么样啦? 其他同事已经交任务了，你呢?"艾佳这才想起今天已经是第三天了，她以学习耽误了时间为借口，请老板不要着急，自己正在赶工，最终虽然完成了任务，但是后面的部分非常仓促，几乎是在应付。

最后这个方案被客户完全否定了，客户认为这个方案纯粹是在敷衍。为此，艾佳受到了老板的严厉批评和警告。

有些人跟艾佳一样，工作中没有紧迫感，经常不能按时完成任务，而且还特别喜欢为自己的拖延找借口："手头的资料和信息不全啊，还是等到明天再开工吧！"其实，手头的资料足以完成任务的一半了，但是"今天"却被这个借口无情地否定了，好像今天不是工作时间，明天才是。

拖延，是一种很坏的工作习惯，为拖延找借口，更是不负责任的表现。没有责任心的人对工作敷衍应付，得过且过，能拖到明天做的事情绝不在今天着手，能下一分钟开始的事情，这一分钟绝不去想。这种人在接到任务以后，大脑里那个没有责任感的声音就会说："反正领导不着急要结果，等一会儿再做好了"、"先看完这半场球再做，反正耽误不了多少工夫"、"跟老王研究研究，商量商量再做吧"……就这样自己把自己给说服了，然后心安理得地去拖延，任他风吹浪打，我自岿然不动，把工作往后一拖再拖，白白浪费了大好时间。

带着拖延这种不负责任的念头工作，就像是自己给自己放了假。虽然人在岗位上，但是心已经去休息了，这样很容易降低工作效率，这种做法只会使我们把"现在"这个时段浪费掉。同时，经常不能按时完成任务，也会使人们对自己越来越失去信心，感觉工作压力越来越大，最终导致自己在职场上一败涂地。

很多人常常因为拖延时间而心生悔意，然而下一次又会习惯性地拖延下去。三番五次之后，就会视这种恶习为自然，以致漠视了它对工作的危害。今天把工作推到明天，明天把工作推到后天，许多成功的机会就在一而再、再而三的拖延中失去了。

如果你发现自己经常为了没完成某些工作而制造各种借口，或是想出千百个理由来说服自己拖延也没关系，或者为没能如期实现计划而辩解，那么你已经是对自己和工作不负责任了，已经到了很危险的地步了，这时候一定要及时警醒，这样下去，你的成功只能是镜中花、水中月。

拖延是职场上影响人们成功的慢性却足以致命的危险的恶习。拖延会侵蚀人的意志，消耗人的能量，阻碍人的潜能发挥。一旦遇事开始推脱，就很容易再次拖延，这样就常常会陷入一种恶性循环，拖延导致工作低效和情绪受到困扰，工作低效和情绪困扰又导致了继续拖延，直到变成一种根深蒂固的习惯。为此，人们常常苦恼、自责、悔恨，但又无法自拔，结果一事无成。

大家都知道，拖延并不能解决问题，大家也都不想拖延，给工作造成危害。但是很多人常常无意识地就为拖延找借口开脱，归根结底，还是因为责任心不够强。为拖延找借口，比拖延工作本身危害更大，一旦用这些愚蠢的借口说服了自己，就会觉得这种不负责任的拖延行为是无所谓的、正常的。如此下去，责任心就会像冰山一样一点点融化，最终完全丧失，到那时，即使还能在职场上勉强立足，也不过是苟且凑合罢了，成功会成为永远的可望而不可即的海市蜃楼。

所以，要想做个有责任心的人，要想成为一个在职场上取得瞩目成就的人，就要坚决把为拖延找借口这种恶习消灭在萌芽状态！

◆ 办法总比问题多 ◆

有的人在工作中总是不能按时完成任务，若问其原因，他会理直气壮地给出理由："这太难了，一点办法都没有。""我能力有限，实在没办法。"、"唉，我太倒霉了，做点事情竟遇到麻烦了。"……总之，他们不是认为自己没有好的机遇，就是认为父母和家庭没能给自己提供一个好的平台，或者动辄责怪他人，总觉得别人对不起自己。在他们看来，老板安排自己去做一个"不可能完成的任务"，根本就是跟自己过不去，上司责备自己事情办得不够完美漂亮，一定是妒忌自己的才能……

这些人其实都是没有担当的人，他们是在推卸自己的责任，为自己找借口。机遇不是别人给的，是靠自己去争取的；父母没让你成为"富二代"，但是却把你培养成人，你完全可以通过自己的努力走向成功；老板没给你好差事，上司认为你做得不够好，你有没有问过自己对工作是否尽职尽责了？

在职场上，没有人能随随便便成功，借口再多，也增加不了业绩，提升不了个人价值和能力，对工作中的责任不能勇于担当，而是一味寻找借口，不仅不能达成职场愿望，还会逐渐沦落为无人喜欢的办公室"害群之马"，会破坏整个团队的良好气氛，任何一位老板都不喜欢自己的团队里有这种人存在。

在国家对科技进步奖的评选中，联想汉卡被评为国家科技进步奖二等奖。按理说，这个奖项已经很不错了，可联想的老板柳传志却认为，从所创造的经济效益和实现的产值来看，联想汉卡都达到了一等奖的要求，但因为它是一块卡，所以容易给人留下技术含量不高的印象。

他对公关部经理郭为说："我不要二等奖，我要一等奖。交给你一项任务，把二等奖变成一等奖。"

变更不是件容易的事。在专家组50名专家中，要有10名专家联名要求复议，然后再开大会，其中2/3的专家同意这个复议，才能够变更为一等奖。而且当时，评选结果已经在《人民日报》上公布了。

若换做其他人，可能会很生气，抱怨老板贪心，抱怨老板把烫手的山芋扔给自己。再说了，媒体都公布结果了，还能改变吗？但是，郭为没有拒绝这个任务，也没有丝毫抱怨，他对自己说："就当是一次锻炼好了，看自己到底能做到什么程度。"

郭为不敢直接去找专家，他担心自己被专家误会"走后门"而弄巧成拙。他首先想到的是借助媒体的力量，比如中央电视台，不妨在有广泛影响力的媒体上宣传一下联想汉卡。这样就能够引起那些专家的重视。

过了一段时间，郭为认为时机到了，他便开始一家一家地登门拜访那些专家，请求他们到公司去，由工作人员再一次给他们展示联想汉卡。就这样，郭为一个人攻下了 10 个人。

最后，10 名专家联名，50 名专家开会，联想汉卡拿下了国家科技进步奖一等奖。郭为自然也得到了柳传志对自己更多的欣赏与重用。

借口任务太困难是没有担当的表现，困难就像弹簧，你强它就弱，你弱它就强。当工作上遇到困难时，很多人不是想办法解决，而是习惯找"工作太难，一点也没有办法"的借口推脱自己的责任，安慰自己的畏难心理。这是典型的鸵鸟心态，不敢面对困难，不敢正视责任，这种人永远不能成为优秀的员工。

每个人都该对自己的工作负责。的确，在工作中会遇到很多困难，有时候甚至看似无解，但是面对困难，如果选择一味地逃避责任，不敢挑战自己，不敢迎难而上，是无法激发自己潜力、取得大成就的。如果缺乏面对困难任务的责任心，就无法高质量地完成领导交付的任务，还会打消工作的积极性和创造性，对工作敷衍了事。这种做法，只能导致一个结果：工作做不好，得不到重用。

其实，很多时候困难是与机会为伴的。在工作中员工应该抱着负责的态度，充分认识到工作中各种困难的积极作用，把克服困难当成锻炼自己能力、促进自己发展的契机，这是彻底消灭"工作太难"借口一个很重要的方法。

海尔集团首席执行官张瑞敏说得好："不是因为有些事情难以做

到，我们才失去了斗志，而是因为我们失去了斗志，那些事情才难以做到。"

带着责任心去工作，不是一句口号，而是一种务实的态度。怀着这样的心态做事，才能够对工作中的困难不逃避、不退缩，在困难面前才不会再找"这太难了，一点办法也没有"这样消极的借口。勇于承担自己的责任，才能够开动脑筋，想出更好的创意，发现别人难以发现的问题，做到别人难以做到的事情，进而让老板发现你的才能，最终实现自己的目标。

如果你总是逃避责任，遇到困难就找借口退避三舍，不敢承担，那么老板自然会认为你没有担当，这样一来，晋升之路也就被自己堵死了。老板给员工安排工作，并不是天马行空，老板会参照员工的能力来确定任务，他不会给你一个远远超出你能力之外的任务，白白浪费人力、物力的。既然让你去做，老板就觉得你能做好，即使有困难，通过你的努力也应该能够完成，因此，找借口逃避困难是殊为不智的。试想：如果你是领导，一个连本职工作都要找借口逃避的人，你可能将重任交给他吗？

职场上的成功者不需要编制任何借口，因为他们面对困难能担当起责任，不怕迎接任何大的挑战，能勤奋努力地工作。如此，再难的工作任务也能完成。记住，没有过不去的坎儿，办法总比困难多，与其找借口逃避，不如想个办法再试一次，再坚持一下，也许成功之门就会为你开启。

◆ 只找方法，不找借口 ◆

　　每个人都有自己的习惯，这种习惯会被不自觉地带到学习和工作中。比如，早上工作前习惯喝一杯咖啡，习惯把一些需要创意的工作任务安排到晚上，那时候灵感更多一些……这些习惯都是无关紧要的，只要不损害身体健康，可以更好地完成任务，就可以维持下去。然而，还有一种习惯，可以说是"陋习"，就不得不戒掉了，比如习惯给自己找借口。

　　职场中，喜欢找借口的人，不在少数。他们缺乏责任心，习惯为自己的不负责任寻找各种各样的理由。如果第一次利用某种借口，让老板原谅了自己的过错，或是为自己开脱了责任，他们会沉浸在这种暂时的"安全"之中。尝到了借口带来的"好处"，他们就会把这种行为延续到第二次、第三次中。久而久之，形成习惯。

　　寻找借口，是个消极的心理习惯。一旦借口成为习惯，只要出现问题或遇到困难就找借口，而不想着怎么解决问题。这种习惯会让责任心消失殆尽，让人在工作中毫无锐气和斗志，变得拖沓而没有效率，最终一事无成。

　　卡罗·道恩斯原是一家银行的职员，但他却主动放弃了这份职业，来到杜兰特的公司工作。当时杜兰特开了一家汽车公司，这家汽车公司就是后来享誉世界的通用汽车公司。

　　道恩斯在工作中尽职尽责，力求把每一件事情都做到完美。工作6个月后，道恩斯给杜兰特写了一封信。道恩斯在信中问了几个问题，其中最后一个问题是："我可否在更重要的职位从事更重要的工作？"

　　杜兰特对前几个问题没有作答，只就最后一个问题做了批示："现在任命你负责监督新厂机器的安装工作，但不保证升迁或加薪。"

　　杜兰特将施工的图纸交到道恩斯手里，要求他依图施工，把这项工作做好。道恩斯从未接受过任何这方面的训练，但他明白，这是个绝好的机会。虽然自己看不懂图纸，但是工作没有借口，困难再大也要完成，决不能轻易放弃。

　　道恩斯知道自己的专业技能不强，便自己花钱找到一些专业技术人员认真钻研图纸，又组织相关的施工人员，做了缜密的分析和研究。终于，他提前一个星期圆满完成了公司交给他的任务。

　　当道恩斯去向杜兰特汇报工作时，他突然发现紧邻杜兰特办公室的另一间办公室的门上方写着：卡罗·道恩斯总经理。杜兰特告诉他，他已经是公司的总经理了，而且年薪在原来的基础上在后面添个零。

　　"给你那些图纸时，我知道你看不懂。但是我要看你如何处理。如果你随便找一个理由推掉这项工作，我可能会辞退你。我最欣赏你这种在工作中不找任何借口的人！"杜兰特对卡罗·道恩斯说。

靠着这种对工作不找任何借口、尽职尽责的态度，卡罗·道恩斯最终成长为一名千万富翁。

很多企业都要求自己的员工做到：只为结果找方法，不为失败找理由。很显然，工作需要的是结果、是业绩，借口再多、再动听都不会对工作结果产生影响。一个优秀的员工对于工作绝不会找任何借口，面对工作，他们总是以极大的责任心去解决遇到的各种难题，"没有任何借口"是他们的行为准则。而那些习惯找借口的员工，永远都不会得到上司的信赖和尊重。

任何一个企业都希望自己的员工能够尽责，而不是处处找借口。虽然工作过程中会面临很多困难，但有责任心的员工总是具有强烈的责任感和必胜的信念，责任心促使他们在工作中能够发挥出自己的潜能，不会浪费时间，更不会错过任何机会，这样的员工在职场上必定能够走得更远、更成功。

在工作中，每个员工都应该抛弃找借口的习惯。与其浪费精力去寻找一个像样的借口，还不如多花时间去寻找解决方案。如果把精力专注于工作，相信就没有什么问题能够难倒你，圆满地完成了任务，那就更不需要找借口了。

不找任何借口，就可以没有私心杂念，全力以赴地做事；不找任何借口，就可以更好地挖掘自身的潜力，不断提高自己的能力；不找任何借口，专注于工作目标，工作效率就会更高；不找任何借口，勇于承担责任，就会得到更多人的欣赏，成功的机会也就更多。如果员工一开始就不找任何借口、对自己的工作尽职尽责，专注于如何解决问题而不是寻找借口，每次都竭尽全力完成好自己的任务，那么总有一天，会品尝到丰收的果实，在职场上更上一层楼。

在职场中打拼的人，千万不要养成寻找借口的恶习，这种习惯就像健康身体上发生癌变的毒瘤，它能逐渐侵蚀你的责任心，瓦解人的斗志，消磨人的锐气，最终使人走向平庸。养成这种习惯的员工，必将沦为办公室里让人鄙夷的配角，最终会被无情地淘汰。

在职场上不管做什么样的工作，如果想做出成绩，就应当保持一种负责的精神，用负责的态度去对待每一件事，脚踏实地去做，这样才能够赢得他人的尊重，为自己赢得尊严和机会。当你付出了这份责任心之后，工作自然会给你带来回报，你的付出和成绩会得到上司的肯定和鼓励，老板必将回报你的责任心。

勇敢地承担起责任，抛弃找借口的习惯，你就会在工作中学会大量地解决问题的技巧，不断地提升自己的个人价值，这样借口就会离你越来越远，而成功就会离你越来越近，最终梦想成真。

第六章

在责任面前要忠诚：
背弃了忠诚，等于放弃了责任

"人而无信，不知其可也。"
忠诚本身就是一种责任。
一个没有责任感的人，也很难做到忠诚。
忠诚是对责任的坚守，
一个忠诚的员工，往往能够将自己与企业融为一体，
同呼吸，共命运。

➤ 忠诚胜于能力 ◆

当今社会经济飞速发展，职场竞争日趋激烈，人们在工作中都在不断地学习进步，以提高自己的能力、适应激烈的竞争环境，在职场上站稳脚跟。时代在变化，遇到的问题也在不断变化，人们的工作方法也会随之变化，能力也在不断提高，但是对工作的尽职尽责和忠诚是永远不能变的。

现代企业中，有远见的领导人在用人时第一看重的不是能力，而是个人的忠诚度。企业的用人要求是：忠诚第一，能力第二。能力可以通过培养获得，但是忠诚往往来源于员工个人尽职尽责的职业素质，这个是企业不容易掌控的。忠诚体现在工作上，就是一种对工作的责任心和使命感。因此，将忠诚作为企业用人的一个衡量标准，已经被广泛认可。如果说能力是企业发展的动力，那么忠诚就是企业生存的根本，不可或缺，忠诚比能力更重要。

某国际贸易公司业务部的业务员小刘，平时算得上是一个很有能力的人，他每个月都能拿到不少的订单。但是，有一次部门经理在计算业绩的时候漏掉了一份订单，致使漏发了小刘 3000 块钱的提成。后来，总经理知道这件事情以后，又补发给了他，但是小刘觉得部门经理是故意的，是妒忌他的能力。

自从这件事以后，他跟部门经理产生了激烈的冲突，并一直耿耿于怀。结果，他在这个公司里看谁都不顺眼了，对待工作也开始应付起来，甚至准备跳槽到竞争对手那里，以此来报复现在的公司。

为了向竞争对手邀功，小刘私下里把公司里重要的客户信息透露给了对方，还给对方提供了自己公司报给客户的底价。凭着小刘给对方提供的这些资料，竞争对手很快动用手段把公司的几个重要客户拉走了。公司里从老板到普通员工都非常着急，小刘却在为自己的阴谋得逞而窃喜。除了这些，他还匿名向当地的工商税务部门举报，抹黑公司的形象，虽然公司没有什么财务问题，但他这样做还是给公司的名誉带来了损害。

经过公司里同事们的观察，最后确定是小刘在背后捣鬼，给整个公司带来了很大的损失，总经理一怒之下差点要把他告上法庭，最后还是放了他一马，把他开除了事。

小刘虽然灰头土脸地走了，他还以为自己会受到竞争对手那家公司的重用，但是等到他主动找上门去，幻想着一去就能成为骨干的时候，却遭到了冷遇。对方明确地告诉他，像他这样不忠诚的员工公司是不会要的。一个员工如此对待老东家，新公司自然也担心他以后如法炮制，这样的员工就像一颗随时会爆炸的炸弹，谁知道什么时候，公司就会为他付出巨大的代价？

最后，小刘不仅没得到更好的工作岗位和机会，还落了个恩将仇报的骂名，当地同行业的公司都对他敬而远之，他最后没办法，只好去了外地，从头再来了。

小刘虽然很有能力，但是他对公司的责任心却敌不过那点小心眼儿，他的忠诚显然不足以让他恪守职业道德。他的能力，在不忠诚于公司的时候，产生了巨大的破坏力，给公司带来了巨大的损失。当然，他自己也没落下什么好处。

作为员工，我们要对自己的工作和岗位忠诚，对自己的企业和老板忠诚。一旦我们失去忠诚之心，就会违反道德准则，或者做出一些有悖于职业操守的事情，最终搬起石头砸自己的脚，受害者还是自己。忠诚胜于能力，只有对企业和团队忠诚的人，领导才会放心地把重要工作交给他，才能把重要的职位交给他，也才能为他提供更好的发展机会。如果一个人的忠诚度被人怀疑，别说有好的职位在等着他，恐怕他连工作的机会都没有。

很多有才华、有能力的人在工作中忽略了忠诚，他们不明白为什么明明自己对岗位能够胜任，做事也没有什么大的失误，那么长时间了，领导就是不提拔重用自己呢？

这些人也许在刚进入公司时，还是有很强的责任心的。然而，随着时光的流逝，他们的责任心不再保持，对公司的忠诚度也逐渐下降，他们的能力和才华仅仅被浪费在了应付工作上。失去了责任心和忠诚度，他们的能力和才华也很难百分之百地发挥出来。这是一件很可悲的事情，他们不懂得忠诚比能力更重要，老板需要他们忠诚的时候，他们却只剩下了能力。

忠诚是一种理智的职业生存方式，如果员工为了个人利益而置公司利益于脑后，经不起金钱的考验，辜负了企业的信任，无论他有多么非凡的能力和才华，领导都不会对他放心，更不会让他承担很大的责任。因为对于公司，不忠诚的人能力越大，所处的位置越重要，他的不忠对公司造成的危害就越大。这种人肯定是需要领导严加防范的，一旦出现工作失误，老板就会毫不犹豫地辞退他，他想要在职场上获得大的成就就很难了。

那些对公司忠诚的员工，往往有着良好的心态和高度的责任心，他们不会去做不利于公司和老板的事情。哪怕他们的工作普通，职位低下，哪怕他们没什么能力，但是他们会抱着忠诚的态度，脚踏实地地投入到工作中去，尽到自己的职责。这样的人，就像是默默无闻的"老黄牛"，只要对公司忠诚，竭尽全力为公司出力，公司是不会亏待他的。

◆ 人品至上，守住公司的秘密 ◆

说起战争年代那些出卖自己国家和同胞的"叛徒"、"汉奸"，大家无不牙根发痒，恨不得食其肉，饮其血。正是他们把我们的秘密透露给敌人，才使得敌寇长驱直入，造成国土沦丧，人民流离失所，人们恨之甚至于恨敌人。

在职场上，这种出卖自己公司机密的人也同样令人发指。虽然他们给公司造成的危害是经济财产上的，但是从本质上来讲，这种出卖公司秘密的不忠行为，跟战争年代的"叛徒"、"汉奸"毫无二致，势必会遭人唾弃和鄙视。

克里丹·斯特曾经担任美国一家电子公司的工程师，他对工作一直兢兢业业，干得非常出色。但是，由于他所在的这家公司资金不是很雄厚，规模比较小，因而时刻面临着实力较强的比利孚电子公司的压力，处境很艰难。

有一天，比利孚电子公司的技术部经理邀请克里丹共进晚餐。饭桌上，这位经理向克里丹建议，只要他把公司里最新产品的数据资料拿一份出来，这位经理就给他很高的回报。

没想到一向温和的克里丹听到这话之后非常愤怒："不要再说了！我们公司虽然规模不大，处境也不好，但我绝不会出卖自己的良心做这种见不得人的事，任何一位恪守职业道德的人都不会答应你这种要求的！"

"好，好，好。"这位经理见了克里丹这种反应，不但没生气，反而接连说了三个"好"字。他颇为欣赏地拍了拍克里丹的肩膀，"好了，不要生气了，这事就当我没说过。来，干杯！"

不久以后，克里丹所在的公司因经营不善而破产。克里丹也随之失业了，虽然他不停地寻找着就业机会，可一时很难找到合适的工作。于是，他只好焦虑地等待着。可是没过几天，克里丹竟意外地接到比利孚公司总裁的电话，让他去一趟比利孚电子公司。

克里丹百思不得其解，不知这家实力雄厚的昔日对手找他有什么事。他疑惑地来到比利孚公司，比利孚公司的总裁以出乎意料的热情接待了他，并且拿出一张非常正规的聘书，原来他们要聘请克里丹做"技术部经理"。

克里丹非常惊讶，他很疑惑，他们这家公司效益很好，公司内部人才济济，为什么偏偏选中了他呢？总裁告诉他，公司原来的技术部经理退休了，他向自己说起了那件事，并特别推荐了克里丹接替他的工作。最后，总裁哈哈一笑，说："小伙子，你的技术是出了名的优秀，但这不是让你担任这个重要职位的主要原因，你的忠诚才是让我佩服的原因，你是值得我信任的那种人！"

克里丹一下子明白过来了，原来是自己对原公司的忠诚，自己恪守职业道德的品质，为自己带来了这个难得的机遇。后来，他凭着自己的不断努力，一步一步成为了一名一流的职业经理人。

李嘉诚曾经说："做事先做人，一个人无论成就多大的事业，人品永远是第一位的，而人品的第一要素就是忠诚。"对公司忠诚的人，他会自觉维护公司的利益，绝不会出卖公司的任何商业机密，这也是一个忠诚的人最起码的标准，是一个职场中人最基本的职业道德。如果员工连保守公司秘密这个最基本的职业道德都不能恪守，那么他不仅谈不上得到更大的发展，就连职场上的立足之地都会失去。

有些人时时刻刻惦记着自己的利益，工作只不过是他们用来谋求利益的手段。在他们眼里，公司的利益和自己毫无关联。这样的人，既不忠于公司，也不忠于工作。只要眼下出现更好的机会，他们就会毫不犹豫地抛弃公司，抛弃自己的工作。更有甚者，这些人为了一时的利益，竟会出卖公司的机密，这也是一种最愚蠢的行为。

泄露公司机密，不仅是一种背叛公司的行为，更是一种背叛自己的行为。在出卖忠诚的同时，也出卖了自己的职业道德，对于这种人来说，他靠出卖忠诚来换取利益，但是忠诚是无价的，他把自己"贱卖"掉以后，在职场上就没有什么身价了。这种行为只能使他名誉扫地，不但在原公司中无法立足，任何一个有理智的老板也不会养虎为患、收留这种人的。最终，他将失去自己最大的利益以及失去实现自己人生价值的机会。

　　有一位才华出众的年轻人，先在某知名大学修了法律课程，又在另一知名大学修了工程管理课程。这样优秀的人才，理应工作顺利，前途无量。可是，事实并非如此，他反而上了多家企业的黑名单，成为这些企业永不录用的对象。

　　原来，他毕业后，去了一家研究所，参与研发了一项重要技术。接着就跳槽到一家私企，并以出让那项技术为代价做了公司的副总。不到三年，他又带着公司机密跳槽了。

　　就这样，他先后背叛了好几家公司，许多大公司得知他的品行后都不敢用他。怕哪天又被他给出卖了。如今，他已经被多个企业列入了黑名单，惶惶如丧家之犬。

　　在职场中，人们更是奉"忠诚"为衡量员工品质的首要标准。如果说智慧和经验是金子，那么比金子更珍贵的则是忠诚。在一项对世界著名企业家的调查中，当被问到"您认为员工最应该具备的品质是什么"时，他们几乎无一例外地选择了忠诚。保守秘密，是员工的基本行为准则，也是成就员工自身人生价值的需要。

　　从古到今，没有谁不需要忠诚。皇帝需要他的臣民忠诚，领导需要他的下属忠诚，夫妻朋友之间都需要对方忠诚。在职场上，机密关系到企业的成败，关系到公司的利益和声誉，作为一名合格的员工，一定要恪守自己的职业道德，对公司的秘密做到守口如瓶。严守公司秘密，是员工取得老板信任的重要一环。

对公司忠诚，还要时刻提醒自己，防止自己在无意中泄露公司的秘密。如果保密思想不强，说话随便，那么就很容易说出不该说的话，从而造成泄密。当今社会，信息就是利益，不经意地泄密，就很可能使公司处于被动，甚至会给企业造成极大的损失，造成不可挽回的影响。所以，下属一定要处处以企业利益为重，处处严格要求自己，做到慎之又慎，这才是员工对工作和公司的一种负责任的态度。

职场是个诱惑颇多的地方，所以，那些能够守护忠诚的人就更显得珍贵。作为一名员工，你时刻都要牢记："叛徒"是没有好下场的。只要你是公司的一员，就有职责为公司保密。恪守你的职业道德，也必将给你带来长久丰厚的回报。

◆── 你的忠诚决定了你的前景 ◆──

在职场上，我们经常会听到这样的抱怨：

"小孙才来公司两年，我都来了五年了，为什么提拔他做部门经理而不是我呢？"

"平时我跟老王干差不多的工作，怎么老板一下子把他安排到重要位置上，而我还是个小职员呢？"

……

企业和老板在用人时绝不是仅仅看重个人能力，而是更看重个人品质，而品质中最关键的就是忠诚度。在职场上，有能力的人比比皆是，只有那种既有能力又忠诚的人，才是每一个企业和老板渴求的理想人才，也只有这样的人才能赢得老板的信任。

老板提拔任何一位员工都是经过深思熟虑和细致考察的，遇到提拔他人而不是自己的时候，抱怨于事无补。这时候，首先要反思一下自己在哪方面出了问题，尤其是自己对公司的忠诚度。

每一位老板在提拔下属的时候，优先考虑的总是那些忠诚的员工，其次才会考虑员工的能力。换句话说，老板提拔人才时，是从忠诚的员工里面挑选能力强的，没有忠诚度的员工，根本就得不到老板的信任，更没有被挑选提拔的机会。

田伟军是一名退伍军人，几年前经人介绍，来到了一家电器工厂做仓库管理员。

虽然他的工作并不繁重，无非就是平时开关大门，做做来人登记，下班的时候关好门窗，平时转悠一下看看有没有安全隐患，注意防火防盗等。然而，田伟军却沿袭了部队里的一贯良好传统，做得非常地认真，一丝不苟。

除了本职工作，他一有时间就整理仓库，将货物按区域分门别类地摆放得整整齐齐，使工人入库存货的时候非常方便，并且每天都对仓库的各个角落进行打扫清理，一点儿都闲不住。

田伟军担任仓库管理员 5 年以来，仓库一直井井有条，也没有发生一起失火失盗事件，工作人员在提货时都能在最短的时间找到所需的货物，大大提高了工作效率。在工厂建厂 50 周年的庆功庆典大会上，老板按 10 年以上老员工的待遇，亲自为田伟军颁发了 2 万元奖金。很多老职工都不理解，"为什么田伟军才来厂里 5 年，就能够得到如此高的待遇呢？"

对于很多人的疑惑，老板给出了解释："在田伟军来厂以后的 5 年里，仓库没有出现一次哪怕是很小的事故，相对于以前三天一小事，五天一大事的情况来说简直有天壤之别。而且其他员工到仓库里入库或出库的时候也可以看到跟以前的区别，作为一名普通的仓库管理员，田伟军能够做到五年如一日地不出任何差错，而且积极配合其他工作人员的工作，对自己的岗位忠于职守，以自己的尽职尽责表达对公司的忠诚，这些都是非常可贵的。"

最后，老板说："你们知道我这 5 年中每次检查仓库有过几次不满意吗？一次没有！鉴于田伟军对公司和岗位的忠于职守，我觉得授予他这个奖励天经地义！"

任何一位老板，都是宁愿信任一个能力一般但忠诚度高、敬业精神强的人，也不愿重用一个朝三暮四、视忠诚为无物的人，哪怕他能力出众。在企业中，员工与老板的关系，就像一个"同心圆"，圆心是老板，而员工分布于离"圆心"不同距离的圆内，忠诚度越高的人，离"圆心"越近，而忠诚度越低的人，则离"圆心"越远，也就是说忠诚度决定了一个人和老板距离的远近，决定了受老板信任的程度。

忠诚的人即使能力不是特别卓越，也会受到老板的重视，公司也会乐意在这种人身上投资，给他们培训提高的机会，帮助他们提高自身的能力和才干，因为这种员工是值得公司信赖和培养的。因此，每一名员工都要有忠于企业的思想。

从前，有一位伟大的国王，统治着幅员辽阔的大地，可惜他没有子嗣。为了继承人的问题他绞尽了脑汁，后来他终于想到了一个办法。

国王召集了全国的男孩子，给他们每人发了一粒种子，并且告诉他们：等到来年春天的时候，谁种出的花儿最漂亮，就把王位传给谁。

男孩们都欢天喜地地领回了种子。有一个小男孩，回家按季节把种子种到花盆里以后，每天小心翼翼地照顾它，按时浇水、施肥。他十分期待自己的花儿是最漂亮的。可是，让他失望的是，随着日子一天天地过去，他的种子丝毫没有发芽的迹象。到了开花的季节，看着光秃秃的花盆，他沮丧极了。

国王挑选最漂亮的花儿的日子到了，全国的小朋友们都来了，人人捧着鲜艳美丽的花盆。有高贵典雅的牡丹，有浓郁芳香的玫瑰……那个没有种出花来的小男孩羞愧地躲在后面，端着那个光秃秃的花盆。

没想到，国王没有理会那些种出漂亮花朵的孩子。他径直走到小男孩面前，告诉他，自己决定把国王的位子传给他。人们都惊讶极了。这时，国王说："我给你们的花种都是煮熟了的，根本不可能发芽开花。只有这个小男孩没有欺骗我，忠诚于我的指示，用心地栽培这粒不能开花的种子。把王位交给这样的人，我很放心。"

这个故事告诉我们，在企业里，重要的位置是不可能交给一个毫无忠诚可言的员工的。忠诚是职场上一个人最好的个人品牌，同时也是最值得重视的职场美德，是每名员工都应该具备的素质。忠诚决定了这个员工在企业中的重要地位，这样的员工必将赢得老板的重视和信赖。空有一身技能，但是对企业没有足够忠诚度的人，他们的职业生涯可能是从一个新手变成一个熟练的技师，或者从2000块工资拿到5000块，但很难成为企业的核心人员，很难成为职场上的精英。

　　要想赢得老板信任，对企业和对老板忠诚就是最好的方法。忠诚的员工在企业生死存亡之时，可以与企业共渡难关，是企业生存的命脉。而在企业稳步发展之时，忠诚的员工可以得到老板的信赖，从而委以重任。我们每一个人，都应该做一名忠诚的员工，和老板一起乘风破浪、共创辉煌！

◆ 忠诚敬业，践行责任 ◆

很多人虽然明白忠诚对公司发展和个人前途的重要性，但是却不知道怎样才算忠诚，没有人来向他打听公司的机密，也没有人暗中拉拢他跳槽，自然也就没有机会拒绝别人的这些小动作。那么，是否这样就无法实践自己对工作和公司的忠诚了呢？

很显然不是的，忠诚就是要对工作尽职尽责。在职场上，我们的忠诚是用敬业来实践的。

有些人也许觉得自己只不过工作不是特别认真而已，算不上不忠诚，其实不然。一个对待工作不够认真的员工，其忠诚度本身就值得怀疑。因为忠诚是敬业的基础，只有忠诚，才能激发出员工对工作的责任感和使命感，从而用尽职尽责的敬业心态对待自己的工作。

所以说，忠诚的员工是那些对待自己的工作有敬业精神的员工，忠诚的员工会在自己的岗位上兢兢业业、尽职尽责地工作，他们用敬业来实践自己的忠诚。如果一个人真的忠于职守，忠诚于自己的工作和公司，那么他又怎么可能不敬业呢？

一个下雨天，韩国现代汽车公司的一位员工，在下班回家的路上发现一辆他们公司生产的轿车的雨刮器失灵了，车主正在冒雨修理。车主可能不太懂，在摆弄了一会儿之后，就跑到一旁去打电话，估计是想找人来帮忙。

此时，对公司的忠诚感和责任感促使这位员工没有对这辆车子无动于衷，他主动走了过去，从自己车上的工具箱中拿出工具，冒着大雨开始对轿车的雨刮器进行修理。

当轿车的主人返回时，发现有人在全神贯注地帮助自己修理车子，非常地感动。经过交谈，他了解到这位热心帮忙的人正是现代汽车公司的员工，如此敬业的员工他还是第一次遇到。

没多长时间，这位员工就把轿车的雨刮器修好了，车主万分感激并一再要付钱来感谢他，却被婉言谢绝了。这位员工不仅义务为他修好了车子，还一再为自己公司生产的汽车给他造成了不便而抱歉。他的这种敬业精神深深打动了车主，让他对现代汽车公司产生了浓厚的感情，并积极推荐自己的朋友购买现代汽车，成了现代汽车的义务宣传员。

韩国现代汽车公司的这名普通员工，对待自己的工作和公司非常有责任感和使命感，而这种责任感和使命感让他时时刻刻为维护现代公司的形象而努力。在他工作时间之外，在他岗位责任之外，能够主动去维护公司的利益。这样的员工，可以想象他在平时的工作中也一定是非常敬业的。

他的这种敬业精神，源自他对现代公司的忠诚，而他冒雨修车的表现，正是他用敬业实践着自己忠诚的真实写照。一个忠诚的员工会时时处处为公司着想，用他的敬业精神维护公司的利益。这样的员工才是忠诚的员工；这样的员工，才是无可挑剔的员工。任何企业，都会渴望拥有这样的员工，也不会吝啬于给这样的员工以相应的回报的。

平凡的岗位、简单重复的工作、微薄的薪水、日复一日的付出……很容易让人失去刚参加工作时那种跃跃欲试的饱满激情，和对工作的责任感和使命感，他们会习惯性地产生厌倦，对待工作不再尽职尽责，不再严格要求自己对公司忠诚，变得浮躁而好高骛远。

也许他们认为，只有自己非常喜欢或者是轻松加高薪的工作，才值得去热爱，这样的工作才能倾注自己的忠诚和敬业，才能吸引自己付出更多的努力。然而，他们不知道，在一个公司中，虽然工作有分工，岗位有不同，但责任无大小、无轻重。公司的每一位员工都有责任为公司利益着想，有责任维护好公司的利益。而且越是平凡的工作越能考验一个人对待工作的忠诚度和敬业心，于细微处往往更能考察一个人的责任感。

忠诚体现在平时的工作上就是敬业，敬业不是对工作得过且过地应付，而是要从心底里热爱自己的工作，并任劳任怨地为它全力以赴地付出。忠诚于工作和公司并不是用嘴说说就行的，它需要员工用敬业精神来付诸行动。在日常工作中，踏踏实实地敬业就是实践忠诚的最佳途径。

忠诚的人从来不会怀才不遇，他们在任何岗位上都能够兢兢业业地对待工作，用敬业实践着自己的忠诚，体现着自己的价值。是金子总会发光的，忠诚敬业的员工也一定会在竞争激烈的职场上脱颖而出。

忠诚是员工敬业工作的内在动力，只有忠诚于自己公司的员工，才会兢兢业业、尽职尽责，才会精益求精、追求完美；只有忠诚，员工才会把敬业作为自己工作的准绳，才能为企业创造出更大的效益。从这个意义上来讲，忠诚永远是企业生存和发展的精神支柱，是企业的立足之本。对公司忠诚就是要有敬业精神，尽职尽责地工作。

不仅如此，敬业还能够让员工的才华有一个施展的天地，也才有权利享受公司给自己带来的利益。忠诚、敬业的人能从工作中学到比别人更多的经验，而这些经验是他们提升自己能力的宝贵助力。忠诚能够使人敬业，而敬业精神又能够使人更容易成功，这就是忠诚的力量。无论在何时，员工只要忠诚地对待公司，用敬业精神对待自己的工作，那么即使你的能力一般，也能赢得公司的尊重和认可，获得更多的回报。

成功的精髓在于敬业，敬业源自忠诚的召唤，而卓越的成就需要敬业来造就。敬业是实践我们忠诚的方式，也是我们实现成功梦想的重要途径。因此，我们在职场上，需要认认真真地对待自己的工作，忠于自己的工作和公司，用敬业精神实践我们的忠诚，提升自己的个人价值。

◆ 忠于职守，尽职尽责 ◆

在职场上，总有一些员工不安于自己的岗位，对待工作挑三拣四，喜欢找那些简单轻松的工作来做，却将那些复杂困难的工作留给别人。他们并不是做不了，而是不愿意去做，这种做法很明显不是工作能力的问题，而是工作态度的问题，说到底这还是对自己的工作忠诚度不高的一种外在表现。

对待任何工作岗位都要做到忠于职守、尽职尽责。在职场中，企业最欣赏的就是那些能用务实的态度来坚守自己的岗位并能脚踏实地对待工作的员工。对于老板来说，这样尽职尽责、忠于职守的员工是一笔最宝贵的财富，是推动企业不断发展壮大的中坚力量，他们愿意给予这些员工更广阔的发展空间和更多的晋升机会。

一个寒风呼啸的傍晚，一身戎装的约克中士正急匆匆地赶路。当他经过一座美丽的公园时，一个神色焦虑的中年人拦住了他的去路，"对不起了，先生，请问您是位军人吗？"

约克中士愣了一下，然后他回答道："噢，是的。请问我能够为您做些什么吗？"他以为发生了什么严重的事情，这位中年人才向他寻求帮助。

这个人向他解释说，他一直在等军人路过这座公园。因为，他刚才在公园里游玩时，看到一个小男孩一直在哭，就问他为什么不回家？结果那个小男孩说，他跟一群孩子玩站岗的游戏，他演一位站岗的士兵，没有命令是不能离开岗位的。但是天已经快黑了，公园也要关门了，还是没有人来命令他停止站岗。于是，他就一直在那儿等着。

约克中士不解地问道："天马上就要黑了，还刮着大风，他为什么不直接回家呢？和他一起玩的那些孩子呢？"

那个中年人告诉约克，现在公园里空荡荡的，和他一起玩的那些孩子大概都回了。他劝说那个孩子回家，但是那个孩子说，站岗是他的责任，他要坚守岗位，没有命令不能回家。中年人这才想起要找一位军人帮忙。

于是，约克中士和这个人一起来到公园，看到了那个坚守岗位的小男孩。约克中士走过去，敬了一个军礼，说道："你好，下士先生，我是约克中士。我现在命令你结束站岗，立刻回家。"

"是，中士先生。"小男孩高兴地说，然后向约克中士敬了一个不太标准的军礼，撒腿就跑了。

约克中士对这位中年人说："他是一个称职的军人，很值得我学习。"

坚守自己的岗位，做好本职工作，是一个人最基本的职业道德，也是最起码的职场标准。无论你是领导还是普通员工，无论你是学富五车的大学教授还是目不识丁的农民；无论你是将军还是士兵，只有尽善尽美地完成本职工作，才算是称职。

这位小男孩的站岗"工作"原本是个游戏而已，甚至可以说是没有什么实际意义的。但他却坚持接到离开命令才肯回家，哪怕和他一起玩这个游戏，命令他站岗的小伙伴把他给忘了。这种坚守岗位、尽职尽责的精神，令人尊敬和感动。试问：假如你是老板，这样的员工你能不喜欢吗？

在企业中，总有一些岗位是大部分人不喜欢去做的，这些岗位要么是脏、累、差的体力劳动，要么是技术含量低的重复性工作，还可能是难度系数太大的"硬骨头"。对这样的工作，很多人都是避之唯恐不及。但工作总要有人来做，因此，当这种任务落到一些人头上时，他们就非常不情愿地去应付了事，而不是本着尽职尽责、忠于职守的态度去尽心尽力地完成。

任何一个公司里的工作都是有轻重缓急、简单复杂之分的，假如遇到不喜欢的工作就没有人去做了，那么这个工作怎么才能完成呢？这个时候，如果领导把任务交给了某个员工，那么这项工作就是必须要做的，既然如此，何不忠于职守、尽职尽责地把它做好呢？

无论做什么工作，我们都应该尽职尽责，忠于自己的职守，用心做好每一件工作。要知道，你把忠诚和责任花在什么地方，你就会在哪里看到成绩。尽职尽责、忠于职守，你的行为就会受到上司的赞赏和鼓励，就能在平凡之中孕育出伟大。

有时候老板让你做一些小事，其实是为了锻炼你做大事的能力。让你在苦、累、难的岗位上摸爬滚打，是为了考察你有没有尽职尽责、忠于职守的优秀品质，这才是领导的初衷。那些能够服从工作分配，忠于职守、尽职尽责的员工会给领导留下顾全大局、能吃苦耐劳、扎实用心的印象，从而为自己的升迁之路奠定坚实的基础。

忠诚的员工不会因为工作岗位的不同而采取不同的工作态度，无论困难还是容易、复杂还是简单，他们都会用同样的忠诚和责任感去面对。忠诚决定着员工的工作态度，一个对工作岗位做不到忠于职守，面对困难就退缩的员工如何能得到企业的信任呢？同样，一个只会做简单容易工作，从来都不敢挑战困难的员工也不可能取得真正的成功。老板怎么可能对这样的员工委以重任呢？

事实上，如果要想在职场上获得发展的机会，就不能急功近利、过于浮躁，要踏踏实实做好现在的工作，即使是普通平凡的工作也要全心全意付出，忠于自己的工作岗位，在工作中不断积累自己的经验，提升自己的能力，增长自己的学识，为自己以后在职场上的飞跃积蓄力量。

第七章

在责任面前要结果：
对结果负责，才是真正的负责

工作必须以结果为导向，真正做到对结果负责。
没有结果的工作是无效的工作。
一个真正有责任心的人，不仅要对工作过程负责，
更要对要达到的结果负责。
没有收获的付出是无谓的付出。

◆ 永远不要满足于 99% ◆

在工作中，我们常常会听到这样的说法："我是个新手，把活儿做成这样就不错了。""这套模具加工完成后，跟图纸要求的误差很小，也算可以了。""今天加工了 300 个零件，才出了 10 个次品，在车间里我是技术最高的了，哈哈！"

在数学上，如果 100 分是满分，那么差一分就是 99 分，这也是响当当的高分了。但是在工作中，有时候仅仅差一分结果却等于 0。在客户服务中有这样一个公式：99% 的努力 +1% 的失误 =0% 的满意度。也就是说，纵然你付出 99% 的努力去服务于客户，去赢得客户的满意，但只要有 1% 的失误，就会令客户产生不满；如果这 1% 的失误，正是客户极为重视的，就会使你前功尽弃，以往 99% 的努力将付诸东流，最终失去这个客户。

99% 不等于完美，企业要想在商场上无往而不利，个人要想在职场上脱颖而出，就不能满足于 99%，不能忽略那个看起来微不足道的1%。这个 1%，或许正是平庸与精英、失败与成功之间的根本区别。

摩托罗拉公司历来非常注重产品的质量，力求使自己的产品达到零缺陷。为此，公司派出了很多考察小组，学习各个工厂的先进经验，并且雇用了一批专门"吹毛求疵"的人来对产品质量进行严格把关，结果使产品合格率达到了99%以上，很多人都觉得可以了，但摩托罗拉高层仍不满意，他们继续想办法提高。

后来，公司高层给所有的摩托罗拉员工都发了一张小卡片，上面标示着公司的新目标：今后公司所生产的手持设备的合格率要达到99.997%。包括他们公司的某些员工在内，很多人认为这是一个不可能完成的任务。

为此，公司专门制作了一盒录像带，解释为什么99%的合格率仍然达不到要求。录像带里说明，在美国，如果每个人都满足于自己的工作成果达到99%的要求，而不是追求更高，那么：

每年大约会有11.45万双不成对的鞋被船运走；

每年大约会有25077份文件被美国税务局弄错或弄丢；

每年大约会有2万个处方被误开；

每天大约将有3056份《华尔街日报》内容残缺不全；

每天大约会有12个新生儿被错交到其他婴儿的父母手中。

更严重的是，如果是对于将性命托付给摩托罗拉无线电话的警察而言，1%的产品缺陷率也许恰恰是致命的危害。

摩托罗拉人都被深深震撼了，他们带着强烈的责任感继续努力地工作着，终于超越了这个接近完美的99%。高品质的产品还使得摩托罗拉减掉了昂贵的零件修复与替换费用，仅此一项就节省了数额庞大的资金。

后来，摩托罗拉还获得了一个在美国企业界深孚众望、含金量巨大的奖项——美国国家品质奖，对于这个奖项，摩托罗拉是实至名归。

不论是个人还是企业，如果满足于99%的工作成绩，那么就会把自己放在一个看似很美实际上却很危险的境地里，那个被忽略的1%，也许正是压垮骆驼的最后一根稻草。只有不满足于99%，才能激发出更大的潜力，才是真正对工作结果负责任。

摩托罗拉在产品合格率达到99%的时候，没有满足，而是提出了更高的目标。摩托罗拉人用自己的责任感和使命感造福了社会，同时自己也获得了丰厚的回报。

工作上每个人的岗位虽然有所不同，职责也有所差别，但任何工作对责任和工作结果的要求都是一样的。每个老板也都希望自己的员工能够把工作做到完美，而不是躺在99%的功劳簿上睡大觉，1%的差距绝不是一步之遥，而是发展与没落的分水岭。那些卓越的精英与普通员工之间的差别，往往就在于这个微不足道的1%，他们绝不会满足于把工作做到99%，他们追求的是完美无缺的工作结果，是最大化的工作业绩。

第二次世界大战中期，美国伞兵在战争中扮演了重要角色。当时，为了提高降落伞的安全性，美国空军军方要求降落伞制造商必须保证

100%的产品合格率。但是降落伞制造商一再强调对于工业产品来说，99.9%的合格率已经够好了，任何产品也不可能达到100%，除非这项工作由上帝来干。

军方非常愤怒，因为0.1%的缺陷率就等于说，每1000个士兵中就有可能有1个士兵为此付出生命代价，这对数量庞大的美国伞兵而言，意味着大量鲜活生命的消失。于是，在交涉不成功的情况下，美国军方决定从每一周交货的降落伞中随机挑出一个，让降落伞制造商负责人穿上，亲自从飞机上跳下，来检查产品质量。

奇迹发生了，降落伞的合格率竟然突破了那个微小的0.1%，达到了100%。

只有在体会到了切实的生命威胁之后，厂商才终于意识到100%合格率的重要性，才激发出真正的责任感，从而创造了奇迹，为盟军的胜利作出了巨大的贡献。

不怕做不到，就怕想不到，或者虽然想到了，但是没有足够的责任感，而不去做。毋庸置疑，满足于99%的工作态度，经常会使工作中的诸多努力化为乌有，导致失败。这与完美的工作结果之间隔着一条巨大的鸿沟。只有对待工作永不止步，追求完美，才是真正负责任的态度；也只有拥有这样的责任感，我们才能最大限度地激发自己的潜能，突破自己的瓶颈，使自己的能力和业绩更上一层楼。

那些以做到99%为满足的员工，他们的责任心是远远不够的，不能把任务做到完美，也就不会得到老板完全的肯定和信任，也绝不会有太大的成就。其实，很多人距离成功只有一步之遥，总过不去1%这个坎儿，就总是山重水复。只有真正做到对结果负责，把工作做到完美，才能在职场的转角处，见到柳暗花明。

◆ 让问题到此而止 ◆

美国总统杜鲁门是个对工作要求很高的人，他在办公桌上贴了一张纸条，上面写着"Book of stop here"。在美国拓荒时代，有个传水桶的活动，水源离用水地有一定的距离，需要靠传递水桶来运水。后来人们就把这种传递引申为"把麻烦传给别人"。而"Book of stop here"翻译成中文就是"问题到此为止"。这就意味着，我来承担责任，我来解决问题。

责任感是一个人不可缺少的职业精神，而责任的核心就是解决问题。大多数情况下，人们乐于解决那些比较容易的事情，而把那些有难度的事情推给别人，这就是对待自己的工作不负责任。要做一个真正负责任的员工，就要让问题到你这里终结。

一个人在职场中的价值体现在他解决问题的能力上。一个责任感强的员工，是为公司和老板解决问题而存在的，而不是面对问题束手无策，关键时刻掉链子、吃闲饭的。

李嘉诚先是在茶楼做跑堂的伙计，后来应聘到一家企业当推销员。他认为，一个推销人员最重要的就是不论遇到什么困难，都要千方百计地把产品推销出去。

起先，他推销的产品是镀锌铁桶。当时，这是个竞争激烈的行业，绝大多数推销员都紧盯着那些小杂货铺，为了增加业绩绞尽了脑汁却收效不大。李嘉诚没有被困难吓倒，他以极大的责任心激励自己开拓思路，终于想出了办法：把推销重点放在大酒店和中低收入阶层的家庭之中。直接向大酒店推销可以使这些酒店节约成本，而且送货上门的服务也省了他们很多麻烦。因此，他很快拿下了这个市场。对于那些中低收入家庭，他独辟蹊径地专门向那些老太太推销。因为老太太喜欢串门唠家常，只要有一个买了，她们就会自动宣传，拉一群人来买。果然，这一方式也取得了巨大的成功。

后来，李嘉诚改销塑料产品，仍然把解决问题当作自己的核心责任。

有一次，李嘉诚去写字楼推销一种新式塑料洒水器，一连走了好几家都无人问津。他没有向老板诉说这份工作是多么困难，而是更加积极地动脑筋想办法去解决问题。

后来他到一家办公大楼的时候，恰好遇到清洁工正在打扫卫生，他看到楼道里有些灰尘很不容易清理，于是灵机一动，没有直接去推销产品，而是用自己的洒水器主动帮清洁工把水洒在楼道里。

经他这样一洒，原来脏兮兮的楼道，一下变得干净了许多。这一做法，无声地宣传了自己的产品，起到了很好的效果。结果引起了采购人员的兴趣，一下子向他采购了十多台洒水器。

后来老板在考察他的推销业绩时发现，他的业绩竟然是第二名的 7
倍！

任何人的成功都不是偶然的，在成功光鲜的表面背后，他们自有其
成功所必需的职业素质。就像李嘉诚一样，这些成功的人能够做出不同
寻常的成绩，是因为他们对工作充满责任感，对自己严格要求，遇到困
难不推脱不畏惧，积极主动地去努力，去寻找解决问题的办法，并最终
让问题终结在自己的手上。

因此，如果我们在工作中遇到不容易解决的问题，千万不要着急推
给同事或领导，要勇于承担，把这些困难当成一种难得的经历、一笔宝
贵的财富，好好利用，以负责任的心态要求自己必须解决它。在面对困
难时，我们往往能开动脑筋，发挥出更大的潜力，获得更快的进步，这
无论对企业还是对个人，都是很有意义的。

职场是一个竞争激烈的地方，也是一个充满机遇的所在。我们要想
在这样的状态下取得成功，就一定要有一份强烈坚定的责任心。面对工
作中的任何问题都要做到不悲观、不抱怨，不退缩、不放弃，积极主动
地去解决，力求得到完美的工作结果。

北宋时，京都汴梁的皇宫遭遇火灾，大量宫殿被焚毁。

当时的皇帝是宋真宗，他严令大臣们必须在一个月内修复宫殿，否
则就会重重责罚。在当时的情况下，这个修复工程有三个不利因素：交

通不便、时间紧迫、工程量大。几乎所有的大臣都认为无法如期完成，而抗旨的下场是相当可怕的，大家都非常着急。

这个任务不仅关系到乌纱帽，还牵扯到身家性命，很多大臣都不愿意接这个烫手的山芋。最后，丁谓决定解决这个难题。

他命人先把皇宫前的大街挖成一条宽阔的深沟，然后利用挖出来的土烧制成砖瓦，这样就解决了建筑材料的问题；又把京城附近的汴河水引入深沟，做成了一条运河，用船把建筑材料直接运到工地，解决了运输问题；等新官殿建成以后，又把建筑废料填入深沟，修复了原来的大街。

这一方案，一举解决了建筑材料、运输和清理废料三个问题，如期完成了官殿的修复工作。皇帝大加赞赏，丁谓也就更加受到重用了。

在职场上，老板总是喜欢那些不畏困难，勇于担当的员工，如果我们遇到困难就把它推给自己的老板，那么老板就不用做别的了，整天跟在我们后面收拾残局好了。员工在自己的岗位上遇到的困难，都是自己职责范围之内的，我们有责任在自己的岗位上解决它，不能把问题推给别人，拖累整个团队。不然，迟早会失去自己的位置，被别人取而代之。

松下电器创始人松下幸之助说过这样一句话："工作就是不断发现问题，分析问题，最终解决问题的过程。晋升之门将永远为那些随时解决问题的人敞开着。"

员工的职责是为企业创造效益，只有把岗位上遇到的问题彻底解决，才能更好地为企业贡献力量。老板看中的是工作结果，而不是过程，如何解决问题正是员工的责任所在。责任的核心是解决问题，我们要做一个负责任的员工，要成长为一个成功的职场人，就要牢记这一原则，并在工作中不折不扣地实践它，做一个"问题终结者"。

◆ 脚踏实地，担起责任 ◆

很多人都期待着在职场上大展拳脚，恨不得一夜之间就做出一番事业来。这种热情和理想是很好的，但是要想成功，需要我们负责任地把手头的每一件工作都踏踏实实地做好，一步一个脚印地去实践自己的职业理想。罗马不是一天建成的，升职加薪也不是天天都有的机会，要想在职场上出人头地更不是一朝一夕之功。

不积跬步，无以至千里；不积小流，无以成江海。自古以来，人们都强调做事要脚踏实地、知行合一。很多时候，有些人都习惯把负责变成空谈，不能脚踏实地地去做事。无论是企业的成功还是员工个人的成长，光有空想或者口号、或者仅仅有一个负责的要求是不行的，要达成目标，要做到对工作真正负责，就必须从脚踏实地开始。

在肯德基准备进入中国市场之前，公司首先派了一位代表来中国考察市场。他来到首都北京之后，看到街道上人头攒动的热闹场面，顿时信心大增，仿佛看到了肯德基进入中国市场之后财源滚滚的美好前景。

因此，他没有再去做细致的调查工作，就认定这个巨大的市场必将适合肯德基的发展。

带着这份美好的想象，他马上回到公司向上级描述了这个巨大市场的美好前景。但是，上司仔细询问了他的工作情况之后，明白了他并没有做出详细缜密的调查。因此，还没等听完汇报就停了他的职，而且另派了一位代表来接替他。

新代表是一个脚踏实地的人，他来到北京之后，进行了大量的实地走访。他先在几条主要街道观测了人流量，之后，他还请不同年龄、不同职业背景的人对他们公司的炸鸡进行品尝，并详细询问了他们对炸鸡的味道、价格等各方面的意见。

除了这些工作，他甚至还对貌似跟他们不相干的北京的油、面、蔬菜、肉等生活日用品进行了广泛的调查，走访了许多生产鸡饲料的厂家询问价格和销售情况，最后他将这些非常翔实的数据做成报告带回了总部。

根据这些资料，公司有针对性地制订了进军中国市场的计划，然后让这位代表带领一个团队回到北京。从此，肯德基打开了中国这个巨大的市场。

肯德基要打入中国市场，光有大口号、大志向是不够的，首先要做好前期的市场调查工作。这个工作的重要性不言而喻，可以说考察结果直接决定着公司的战略方向和经营计划。因此，脚踏实地地获得真实有效的各种数据资料就成为考察代表最重要的责任。

虽然两位代表的任务都是考察市场，为肯德基进入中国市场提供参考资料，但是在对待自己责任时的表现却有很大差别。第一个代表只是满足于看到了表面现象，并未实实在在进行细致考察，就兴高采烈地回复上司去了；而第二个代表则踏踏实实地去行动，从而圆满完成了自己的任务，做到了真正地对工作负责。

一个人在职场上到底能够走多远，能达到什么样的成就，归根结底还是要靠自己。不要迷信什么奇迹，未来就掌握在脚踏实地做事的人手中，一步一个脚印地对待自己的工作是对负责最好的注解。万里长征需要一步步去丈量，要想取得出色的成绩，要想在职场路上走得更远，我们就要脚踏实地，用负责的态度和工作成绩为我们的成功奠定基础。

有些人在工作中很有创意和能力，但是缺乏务实的精神。他们无法沉下心来做好手头的每一件事情，总是停留在纸上谈兵阶段，不能把责任实实在在地完成，尽幻想着一步登天。这样的人非常可惜，他们虽有成功的头脑和能力，却缺乏成功所必需的责任心和脚踏实地的工作态度。所以，他们的理想注定只是永远捞不起来的水中之月。

很多企业在车间或者办公室的墙壁上张贴着各种各样的口号，但是，有多少员工按照这些口号的要求踏踏实实去做了呢？员工们对待工作流于形式的应付，不过是使这些口号成为一种讽刺罢了，不能踏踏实实做事的企业和员工，早晚要在竞争激烈的社会中黯然落幕。

杰克·韦尔奇是通用汽车集团原董事长兼CEO，他被誉为"最受尊敬的CEO"、"全球第一CEO"、"美国当代最成功最伟大的企业家"，成为职场和商场上传奇一样的人，被许多人崇拜着。

2004 年在北京举办的"杰克·韦尔奇与中国企业高峰论坛"上，一位中国的企业家曾这样问杰克·韦尔奇："我们大家知道的都差不多，但为什么我们与你的差距那么大？"

杰克·韦尔奇的回答是："你们知道，但是我做到了。"

这个答案简单得出人意料，但却道出了成功的真谛：负责不仅需要知道自己的责任，更要脚踏实地地去做！

在工作中只有把负责落到实处，踏踏实实地用实际行动把口号变为现实，才能真正尽到自己的岗位职责，为企业创造价值。如果每一个员工都能在自己的岗位上真正负起责任来，脚踏实地地把工作做好，何愁工作没有业绩？何愁公司没有效益？又何愁自己在职场上没有前途呢？

在企业中，能够脚踏实地工作的员工更有责任感，他们对工作和公司的职责是能够真正付诸行动的。只有这样务实的工作态度，才能用积极的心态面对工作中的各种困难，不论事情简单还是复杂，都能抛弃浮躁、摒弃幻想，一丝不苟地去完成工作，始终坚定不移地向着自己的职业目标迈进。这样的人，必然能够享受到实现自己职场理想后的快乐。

◆ 用业绩体现你的责任 ◆

在工作中，有这样一种现象：老板安排差不多的工作给两位员工去做，其中一位每天起早贪黑，连周末都不休息，弄得心力交瘁，但是结果却不尽如人意。另外一名员工，从来不需要加班加点，每天工作效率很高，对工作游刃有余，总是能给老板交上一份满意的答卷。如果你是老板，在需要提拔一位员工让他承担更大责任的时候，你会选择谁呢？

对于任何一位员工来讲，你口头上无论是多么负责、多么敬业，如果你的工作业绩是零，那么你就是一个不合格的员工。

在工作中，负责永远不是一句空洞无物的口号，业绩就是责任的标尺，员工的一切都要用它来衡量。同样，对每个人的职场生涯来说，任何大的成就，都是你每天的业绩累加的结果，如果没有业绩，就没有大的成就。所以，在工作中，我们要懂得一个基本道理：只有业绩才是衡量我们责任的标准。

张瑞敏经常说一句话："能者上，庸者下，平者让。"在海尔这个企业里，不看重学历、关系和情面，也不讲过去的成绩。不论过去为海尔发展作过多大贡献，包括"海尔功臣"和跟张瑞敏一起"打天下"的那些元老，只要不能胜任今天的工作，就会被无情地淘汰。

每年年终，总有一部分主管因完不成工作任务而被免职，又总有一批超额完成任务的新秀走上领导岗位，这在海尔司空见惯，大家也已习以为常。比如，2002 年度干部综合考核结果：升迁 27 名、轮岗 9 名、整改 4 名、警示 2 名、降职 3 名、免职 1 名。整改、警示、降职、免职的干部占总数的 11%，干部调整的总数占管理层总人数的 51%。

张瑞敏认为，不论是对待公司元老还是刚入职的年轻人，提高他们的工作业绩，增强他们的竞争力，就是对他们最好的照顾。

"昨天的奖状，今天的废纸"，海尔人不欣赏昨天的荣誉和脚印，不讲关系，个人收入和升迁只与业绩相关联，一律用业绩这把尺子来衡量。

无独有偶，微软也是一个完全以业绩为导向的公司，实行独树一帜的达尔文式管理风格："适者生存，不适者淘汰。"用处处以业绩论成败的方式自动选择和淘汰员工，不断地裁掉最差的员工，是微软的一贯做法，只有那些业绩突出的人员才能被留下来，得到晋升。

微软公司从来不以论资排辈的方式去决定员工的职位及薪水，员工的提拔升迁取决于员工的个人成就。在微软，一个软件工程师的工资可以比副总裁高。

微软还采取定期淘汰的严酷制度，每半年考评一次，并将效率最差的 5% 的员工淘汰出去，自 1975 年以来，微软一直保持了很高的淘汰率，这使得他们留下的员工都具有很强的竞争力。他们这种制度保证整个企业保持了强大的活力。

在这个竞争激烈的社会，公司作为一个经营实体，必须靠利润维持生存与发展，利润是每个企业的原始推动力，因此，员工的责任就是努力提高自己的业绩，为企业创造利益和价值。而企业最看重的也是员工业绩的大小。如果员工没有做出业绩，就是没有尽到为公司创造效益的责任，就是在拖公司后腿，就算你是企业的元老，或者持有博士的高学历，老板也会为了企业的利益而舍弃你。

事实上，世界上所有成功的企业，都会把业绩作为责任的标尺，把业绩作为自己考核员工能力的标准，无论你做的是什么工作，无论你的职位高低，都要通过业绩来体现你的责任。企业终究不是福利院，任何一位老板都不希望自己的员工是没有业绩、尽不到责任的闲人。

普布利乌斯·埃利乌斯·哈德良是古罗马的一位皇帝，是古罗马历史上"五贤帝"之一。他手下有一位跟随自己多年的将领，但是战绩平平，一直没有得到他的提升。

有一次，哈德良又提升了一群将领而落下了他，这位将军觉得他应该像别人一样得到晋升，于是便在皇帝面前提起这件事情。

"我应该升到更重要的位置，"他说："因为我经验丰富，参加过10次以上的重要战役。"

哈德良皇帝是一个对人才有明确判断的人，他并不认为这位将军能够胜任更高的职位，于是他指着拴在木桩上的驴子说："亲爱的将军，好好看看这些驴子，他们至少参加过 20 次战役。"

比尔·盖茨说："能为企业赚钱的人，才是企业最需要的人。"企业要发展，需要团队中的每个员工都尽到自己的责任，创造良好的业绩。因此，无论从事哪一行都必须用良好的业绩来证明你是企业的珍贵资产，证明你可以帮助企业赚钱，而不是吃闲饭、滥竽充数的。

从另一个角度来讲，员工只有通过完成自己的责任为企业创造价值，企业有利润产生，他才能获取相应的报酬。业绩跟个人的所得有着直接联系，没有人会注意员工工作过程的酸甜苦辣，荣誉和回报只会给那些创造业绩的功臣，良好的业绩就是尽到责任的最好证明。谁为企业创造的业绩多，谁的薪水就高，得到的机会就多。

业绩不仅跟员工个人的所得息息相关，更是提升企业竞争实力的途径，是决定企业兴衰成败的关键！业绩是责任的标尺，是良好职业精神的体现，是个人在职场上顺利发展的保障。因此，员工要想得到老板的认可和赏识，获得加薪、升职等诸多优遇，在职场立于不败之地，实现自己的个人价值。就必须把努力创造工作业绩当作神圣的职责，当作自己的责任标尺，解决好工作中的各种问题，拿出过硬的业绩，为企业创造良好的效益。

◆ 有责任，才会有业绩 ◆

人们常说："种瓜得瓜，种豆得豆。"责任和结果之间也存在着这种关系，种下责任的种子才能保证收获理想的结果。责任保证结果，责任确保业绩。因此，在工作中，我们要尽到自己的责任，一切以实现预定的结果为最终目的。

一名员工如果懂得了这一点，就会在工作中承担起责任，以实践自己的职责，保证工作结果。这样既能为企业发展贡献出自己的最大力量，也能体现自己的最大价值，获得更多的成功机会和更广阔的发展平台。

美国有一家很出名的咨询公司，他们经常在世界各地举办演讲活动。在演说家演讲之前，公司会安排专门人员把有关演讲者本人和演讲内容的材料及时送达听众手中。

有一次，公司同时在芝加哥和得克萨斯举办演讲活动，主管分别安排了安妮和琳达负责两地演讲材料的邮寄工作。

安妮接到任务以后，提前六天就联系了联邦快递公司，她还亲自核对了收件人的地址、联系方式还有材料的数量。并亲自包装好了材料，选择了适当的货柜。她认为这样做肯定是万无一失了，自己已经很负责任了，按照联邦快递公司的惯例，材料将比预定时间提前两天送达。

但是，她遗漏了一点，没有向联系人确认材料是否已经送达。结果，这些材料被联系人的女佣像对待平时收到的那些无用的广告宣传材料一样，扔进了垃圾桶。

去得克萨斯演讲的彼得接通了助手凯特的电话，说："我的材料到了吗？"

"到了，我三天前就拿到了。"凯特回答说，"负责邮递您的材料的是琳达，她打电话告诉我听众可能会比原来预计的多100人，不过她已经把多出来的也准备好了。"

因为允许有些人临时到场再登记入场，因此琳达对具体会多出多少人也没有清楚的预计，为保险起见她决定多寄了400份，并且告诉凯特，如果演说家有别的什么要求，可以随时打电话找到她。这让演说家非常满意。

安妮虽然也做了大量的工作，付出了不少努力，但是就因为没有打个电话确认一下，就让前面的工作付诸东流了，没有完成任务，一切努力都是白费。

而琳达知道要对自己的工作结果负责，她知道结果才是工作的最终目的，把演说家的材料及时准确地送到他的手中，这才是她的职责，她要追求的目标。达不到这个目标，她的责任就没有完成。

工作中每一个老板都希望自己的员工能够像琳达那样有责任感，在工作中对结果负起责任，将问题圆满解决。有些人虽然也做了不少工作，付出了不少汗水，但是没有结果的工作其实是无效的，是没有价值的，无法为企业带来效益。只有对所做工作的结果负责，才能确保每一次任务、每一个行动，都具有实际效用和价值。

在这个世界上，每个人都扮演了不同的角色，每一种角色又都承担了不同的责任。从某种程度来说，对角色的演绎就是对责任的完成。作为企业的一名员工，理所当然地要去承担自己工作岗位上的责任，保证自己的工作结果。可以说，在职场中，对结果负责同时也意味着对自己的未来负责。

责任保证结果，责任确定业绩，对结果负责到底，才是真正的负责。任何一个成功的企业或个人，虽然成长的历程不同，但是，有一点是共同的，那就是对结果负有强烈的责任感。

海尔电冰箱厂有一个五层楼的材料库，这个材料库一共有 2945 块玻璃，如果你走到玻璃前仔细看，你一定会惊讶地发现这 2945 块玻璃每一块上都贴着一张小纸条。

每个小纸条上印着两个编码，第一个编码代表负责擦这块玻璃的责任人，第二个编码是谁负责检查这块玻璃。

海尔在考核准则上规定：如果玻璃脏了，责任不是负责擦的人，而是负责检查的人。也就是说，擦玻璃的人只管擦玻璃，而负责检查的人要对玻璃干净这个结果负责。

这就是海尔 OEC 管理法（又称为"日清管理法"）的典型做法。这种做法将工作分解到"三个一"，即每一个人、每一天、每一项工作。

海尔冰箱总共有 156 道工序，海尔精细到把 156 道工序分为 545 项责任，然后把这 545 项责任落实到每个人的身上。

在海尔，大到机器设备，小到一块玻璃，都清楚标明责任人与负责检查的监督人，都规定着详细的工作内容及考核标准。只要每一个人都完成了自己的小责任，那么整个团队的大责任也就很好地完成了，公司确定的大目标也就得到了实现。

海尔这种做法的好处在于，每一个人都有明确的责任，都有明确的结果需要去达成。正是这些一个个不起眼的小责任，保证了海尔能实现自己的大责任，从而成长为一个非常成功的企业，收获累累果实。

企业就像一部巨大的机器，螺丝钉有螺丝钉的责任，发动机有发动机的责任，尽管它们的岗位不同，但是责任却不分大小，发动机坏了机器自然无法运转，但是一颗不起眼的螺丝钉如果出了问题，同样也会带来巨大的危害，可能导致整部机器报废。

一个小数点位置不同，就能带来跟结果十倍甚至南辕北辙的偏离；一丁点儿的不负责，就可能使企业蒙受巨大损失；而稍微加强一点责任心，就可能为一个公司带来腾飞的契机。因此，责任对结果的意义重大。对结果负责是每一名员工必需的职业精神，如果一个员工放弃了对公司的责任，也就意味着放弃了在公司中获得更好发展的机会。

因此，我们在职场上要想获得更好的发展，让我们的人生价值得到提升，要想为企业创造更大的效益，获得更大的发展平台，我们就需要用责任实践完美结果。

第八章

在责任面前要细节：
关注细节，小事也要负大责

一沙一世界，一水一天堂。

任何一件大事，都是由若干小事组成的。

小事成就大事，细节成就完美。

细节体现责任，对工作中的每一个细节负责，

你才能在成功的曲线上不断前进。

◆ 细节定成败，要关注小事 ◆

在日常工作中，有些人往往不拘小节，对于细节问题不屑一顾，面对老板的批评，他们常常搬出"成大事者不拘小节"、"大礼不辞小让"等说辞为自己开脱。殊不知，见微知著，责任恰恰是体现在细节方面的，对于那些"大事"，人人都看得见、都重视，看不出责任心的差别，而那些能够注重细节的人，才是真正做到负责的人。

老子的《道德经》有言："天下难事，必作于易；天下大事，必作于细。"细节是人们工作中最容易忽略的部分，但它往往对结果有着至关重要的影响。在责任的落实过程中，细节是决定成败的关键，甚至可以毫不夸张地说，成也细节，败也细节。

在工作中注重小事和细节，让我们的责任体现其中，正是我们在职场上不断进步，不断提升自己所必备的素质和能力。或许我们的工作性质不同，忽视细节带来的危害大小也有不同，但是有一点是共通的，忽视细节最终必然导致事业的失败，导致人生贬值。

密斯·凡·德罗是 20 世纪世界最伟大的建筑师之一，在被要求用一句最简练的话来描述自己成功的原因时，他只说了五个字："细节是魔鬼。"一个成熟的职场人士，必须善于把握细节，对细节负责。"千里之堤，溃于蚁穴"，要知道，很多时候正是那些毫不起眼的细节，决定了事情最终的结果，忽视细节会使你错失成功的机会，甚至付出惨痛的代价。

在职场上，不管员工有多么宏伟的计划或者多么高远的理想，如果对细节的把握不到位，就不能成长为一名精英。在工作中，任何一个人都有自己的职责范围，有些人负责一些比较重要且引人注目的工作，也有些人负责一些不被重视的小事，但是无论大事小事，都有必须注意的细节，成大事也要拘小节。

在职业棒球队中，一个击球手的平均命中率是 0.25，也就是每 4 个击球机会中，他能打中 1 次，凭这样的成绩，他可以进入一支不错的球队做个二线队员。而任何一个平均命中率超过 0.3 的队员，则是响当当的大明星了。

每个赛季结束的时候，只有十一二个队员的平均成绩能达到 0.3。除了享受到棒球界的最高礼遇外，他们还会得到几百万美元的工资，大公司会用重金聘请他们做广告。

但是，请思考一个问题，伟大的击球手同二线球手之间的差别其实只有 1/20。每 20 个击球机会，二线队员击中 5 次，而明星队员击中 6 次——仅仅是一球之差！

人生也是一场比赛，往往从"不错"到"极品"只需要很小的一步，把握好，就是成功，把握不好，就是失败。

是否关注细节说明了一个人对待工作的态度是否端正。在我们的现实工作中，总是有一些忽略细节重要性而敷衍了事的做法，对自己的要求不够高，对细节的要求不够精细。要知道，细节决定工作的品质，"细节决定成败"，不关注细节，不把细节当成重要的大事去负责，就无法保证取得理想的结果，也就很难获得职场上的成功。

工作虽然有大小，但是责任却不分轻重。如果你能重视工作岗位上的每一个细节，它就能成为注入成功沧海的那一条细流；如果你不重视它，它就是造成淹没一切的洪水中的那一滴雨水，将你淹没在失败的深渊之中。

士兵在战场上忽略细节可能会丢掉性命；飞行员在天空中忽略细节可能会导致飞机失事；建筑师忽略细节可能会使摩天大楼坍塌……在职场上行走，任何忽略细节、不负责任的行为都可能为自己酿造一杯饮鸩止渴的苦酒，把自己美好的职业理想葬送掉。要想让自己在职场上顺利成长，逐步把自己的职业理想变成现实，就要注重小事，用强烈的责任心去关注工作中的每一个细节。

◆ 小细节，大心态 ◆

有些人在职场中不注意小节，不修边幅，他们认为小节无伤大雅，这种认识其实是非常错误的。比如说，有人在洽谈业务的时候吞云吐雾，毫不顾及别人的感受；有人在出席正式场合的时候打扮得像个街头小混混；还有人不分公私，总把办公室里的一些小东西随手带回家，当然这些东西都是有去无回……这些不良行径必将影响个人在职场上的发展。

刘备在《敕后主刘禅诏》中说："勿以恶小而为之，勿以善小而不为。"说的是做人的道理，同样也是职场上的道理。于细微处更能够看到一个人的真实素质，所以，有些小节还是很有必要注意一下的。

那么，什么算是职场上的"小恶"呢？那些看似不起眼，却对工作产生或明或暗的不良影响的行为就是"小恶"。

谭建华是一家五金销售公司的业务部经理，在工作中，他是个"不拘小节"的人。

一天，一位非常重要的客户要带着助理来他们公司洽谈业务，恰好老板提前有事出去一会儿，就吩咐谭建华先接待一下，重要的事情等他回来再说。

谭建华在跟对方交换名片的时候随随便便，他还自以为是地讲了一个笑话：话说，有两个人甲和乙一起用名片打牌，甲打出了总经理；乙说，管上，然后打出了总经理秘书。甲就很疑惑地问，为什么你的秘书能管我的经理呢？乙说，我这是女秘书。

本来这也就是一个笑话，放在别的场合也许还能活跃一下气氛，但是此次陪同这位老板来的助理恰巧是一位女士。她想，你这不会是影射我的吧？于是心生不悦，连带着对他们公司的印象也大打折扣。

老板回来之后，双方洽谈完业务，于是派谭建华去给客户买点纪念品，然后送客户去机场。谭建华在选购纪念品时，特地私自给自己的老婆带了一份，而且在发票上开进了公司的费用里，恰巧，他跟营业员之间的谈话又不幸地被客户的助理听见了。

结果，那位客户回去跟助理商量之后，觉得这家公司风气不正，公司的业务经理缺乏起码的职业素质，于是决定放弃跟该公司合作的计划，最终把订单交给了另外一家公司。

老板百思不得其解，本来谈得好好的，怎么客户又变卦了呢？他不知道的是，一笔大生意，就毁在了谭建华的"小节"上。

小节伤大雅，很多大事的失败，起因都是那些微不足道的小节。大哲学家伏尔泰曾经说过："使人感到疲惫的不是远处的高山，而是鞋里的一粒沙子。"而那些容易被我们忽略的小节，就是我们行走于职场上的鞋子里的那一粒沙子，使我们无法攀上高峰，就是因为这些沙子禁锢了我们前进的脚步。所以，不要因为恶小而为之。工作中的许多非常小的不良习惯，都可能会给我们的职业生涯带来巨大的危害。

在职场中，我们要尽量养成一些好的习惯。即使这些好习惯是一些不起眼的小事情，最终也会带给我们一些意外的收获。一个灿烂的微笑，一个微微鞠躬、双手递接名片的小动作，一句真诚的谢谢，一次体贴入微的行程安排……种种细节都有可能触发职场中意想不到的契机，成为撬动地球的那个支点。这些小细节所带来的好处往往不是特别明显，但是一点点积累起来，就很可能使你在职场上不知不觉地建立起巨大优势，从而改变你整个的人生轨迹，让你的事业从此走向成功的辉煌。

在职场上，很多人已经明白了小节的重要性。就连很多还没有正式进入职场的年轻人，在面试之前都会做好充分准备，保持自己的服饰整洁得体，对着镜子精心"演练"自己的一言一行，防止因自己的不修边幅而遭到拒绝。所以，在职场上摸爬滚打了很长时间的成熟的职场人，就更要注意小节，让自己的责任体现其中了。

小刑是一家摄影器材公司的工作人员，他每次给客户服务的时候，都很负责任，会注重一些细节。

比如，给客户安装调试设备时，他总是戴上一次性的塑料手套，以防手印留在上面。同时他还特意将服务卡上的售后电话用笔勾出来，让客户一眼就能找到，而且总是在后面附上自己的个人电话，以便客户能够随时找到他。

公司并没有要求小刑一定要这样去做，但他却很细心地考虑到了，而且养成了这个好习惯。时间长了，那些老客户都非常喜欢小刑，每次都直接打电话找他。就这样，小刑成了客户和领导眼中的"红人"，不久便被老板提拔为客户经理。

小节之中蕴含着成功的机会，许多大的成绩都是从做好一点一滴的小事开始的。所以，工作中，我们一定要有一种强烈的责任感，用做大事的心态去对待工作中的小节，重视身边的每一件小事。

反思一下，你对待细节够不够重视？比如，你有没有在书桌上把文件摆放得乱糟糟？你有没有边上班边吃零食的习惯？你有没有在别人面前发发对老板的牢骚？这些小节，都是不好的习惯，应该加以重视，尽量避免。

注重小节，不仅是一种理念，也是一种工作态度，更是一份职业责任。在工作中，我们不要放纵自己，不要忽视那些小节，要从点点滴滴做起，一步一个脚印，把责任体现在细节之中，这样才能成就大的事业。

因此，要担负起自己的责任，做好自己的工作，就需要我们从注重小节做起，勿以恶小而为之，勿以善小而不为，让我们的责任在小节中得到完美体现。

◆ 小事的结果决定大事的成败 ◆

很多时候，人们往往只是把注意力放在一些大事上，却忽略了一些小事。等到工作结果出现了巨大的偏差以后，才懊悔地想起："哎呀，我要是把那件事做好，结果就不会这个样子了。"可惜，世上没有卖后悔药的。其实，这样的结果就是因为没有认识到责任之间的联系导致的。

任何事物都不是孤立的，人离开了社会这个群体很难生存。也许有人会说，野人不也活得好好的吗？但野人也不是孤立的，他也需要空气、食物、水，以及其他事物。对于我们的工作来说也是如此。一件事情搞砸了，原因绝不仅仅是孤零零的，通常大事没做成，肯定是之前的小事没有做好。

一只小小的蝴蝶在赤道附近轻轻扇动一下翅膀，就可能在南美洲掀起一场飓风，这就是人们常说的蝴蝶效应。它告诉我们：事物和工作的各个环节之间存在着一定的联系，责任之间不是孤立的，小事的结果决定着大事的成败。

1485 年，英国国王查理三世准备在波斯沃斯和兰凯斯特家族的里奇蒙德伯爵亨利展开一场激战，以此来决定由谁统治英国。

战斗打响之前，查理派马夫去给自己的马钉好马掌。马夫发现马掌没有了，于是，他对铁匠说："快点给它钉掌，国王希望骑着它打头阵。"

"我需要去找一些铁片，"铁匠回答，"前几天，因给所有的战马都要钉掌，铁片已经用完了。"

"我等不及了，你赶紧地。"马夫不耐烦地叫道。

于是，铁匠把一根铁条弄断，作为四个马掌的材料，把它们砸平、整形之后，用钉子固定在马蹄上。然而，钉到第四个马掌的时候，他发现少了一颗钉子。

铁匠停了下来，他要求马夫给他一些时间去找颗钉子。

"我等不及了，军号马上就要吹响了。"马夫急切地说，再一次拒绝了铁匠的要求。

"没有足够的钉子，我虽然也能把马掌钉上，但是马掌就不能像其他几个一样那么牢固了。"铁匠告诉马夫。

"好吧，就这样！"马夫叫道，"快点，要不然国王会怪罪我的。"

于是，铁匠便凑合着把马掌钉上了，第四个马掌少了一颗钉子。

战斗开始以后，查理国王骑着这匹战马冲锋陷阵，带领士兵迎战敌军。突然，一只马掌脱落下来，战马跌倒在地，查理也被掀翻在地上，受惊的马爬起来逃走了。国王的士兵跟着溃败，亨利的军队包围了上来，把查理活捉了。

查理不甘地大喊道："马！一匹马，我的国家倾覆就因为这一匹马啊！"

其实，他不知道的是，真正的原因是第四个马掌上缺失的那颗小小的钉子。

从那时起，人们就传唱这样一首歌谣："少了一颗铁钉，丢了一只马掌。少了一只马掌，丢了一匹战马。丢了一匹战马，败了一场战役。败了一场战役，失了一个国家。"

一个帝国的存亡竟被一颗小小的钉子左右了，这深刻地演绎了蝴蝶效应的威力。查理三世失去国家，这是个巨大的事件，但是责任的源头竟是马夫不肯给铁匠一点时间去找颗钉子。后人无不为查理三世国王扼腕叹息，当初那个失职的马夫，也会为此懊悔至极吧，可惜，历史已经改写，再也无法挽回了。

在职场上，员工一定要记住，没有孤零零的责任，大事跟小事之间存在着必然的联系，尽不到对小事的责任，就会影响大事的效果。中国有一句古话，叫"差之毫厘，谬以千里"。讲的是任何细节或者小事，都会事关大局，牵一发而动全身，对工作的最终结果产生影响。所以，我们的工作责任感需要体现在工作的各个环节之中。

现在社会分工越来越精细，我们的工作也不是孤零零存在的，而是越来越联系密切。同样，责任之间也是环环相扣的，对于一项巨大的工程来说，哪怕看似跟它关系不大的一个细微之处，也可能会成为影响其成败的关键。

"蝴蝶效应"告诉我们，任何事物都是有联系的，工作中也没有孤零零的责任。一只蝴蝶扇动那美丽漂亮的小翅膀可能成为毁灭性龙卷风的源头，类似的事情可能也会在我们身上发生，我们在职场上一次无足轻重的不负责任，可能导致一项宏伟工程的破产，而我们如果对每一件手头的小事都能认真负责，那么万里长征的军功章上也必然会有我们的名字。

只要我们能够对工作中的每一件事情认真负责，无论我们的任务是大是小，也无论岗位看上去是重要还是无关痛痒，只要我们尽到责任，都必然会使得以后的结果向着好的方向发展，只要我们把每一件小事做好，就能成就大事。

◆ 客户的小事，就是企业的大事 ◆

当今社会竞争日益激烈，商场就如战场一样残酷。企业或员工稍有懈怠，便有可能被超越或者淘汰，成为"沉舟侧畔千帆过"里的那只沉船，眼睁睁地看着别人成功，自己品尝失败的苦果。

"客户是上帝"，不是一句空洞的口号。要想始终赢得客户的青睐，为企业争取最大的利益，就要用负责的心态为客户解决一切问题。哪怕是客户自己都不是特别在意的小事，你也要放在心上，及时地发现并解决。只有这样，企业才能站稳脚跟，逐步发展，而你才能得到更多的发展机会。

企业的发展状况与员工个人的利益和发展密切相关。为此，每个员工都要清楚：关注小事是自己应尽的责任，只要是关系到客户的事情就没有小事，对自己的岗位负责任就是要把客户的事情解决好。

1971 年，伦敦国际园林建筑艺术研讨会上，迪士尼乐园的路径设计获得了"世界最佳设计"称号。当时迪士尼乐园的总设计师是格罗培斯，迪士尼的路径设计获奖后，许多记者去采访这位大名鼎鼎的设计师，希望他公开自己的设计灵感与心得。格罗培斯说："其实那不是我的设计，而是游客的智慧。"

迪士尼乐园主体工程完工后，格罗培斯对于路径的设计一直心存担忧，因为他看到了太多的公园里立上："禁止踩踏"的牌子而毫无效果，游人照样会选择他们最方便的路径去穿越草坪。因此，他必须设计出最能切合游客心意的路径。

格罗培斯最后终于想出了办法，让游客自己决定行走的路线。于是，他宣布暂时停止修筑乐园里的道路，接着指挥工人们在空地上都撒上草种。等小草长出以后，乐园宣布提前试行开放。

五个月后，乐园里绿草茵茵，但草地上也出现了不少宽窄和深浅不一的小径，那是蜂拥而来的游客们践踏出来的。格罗培斯马上让工人们根据草地上出现的小路铺设人行道。就是这些由游客们自己不知不觉中用脚步"设计"出来的路径。在后来成为世界各地的园林设计大师们眼中"幽雅自然、简捷便利、个性突出"的优秀设计，也理所当然被专家们评为"世界最佳"。

除了格罗培斯，迪士尼乐园的其他设计师也同样把游人的要求放在第一位，把最完美的艺术品呈现给他们，细节之处绝不放过。

比如，在动物王国的很多道路设计中，他们用混凝土来塑造泥泞的碎石小路，正如他们在去非洲旅行时所见的真实场景。但是，乐园里会有大量的人和车辆经过，因此用真实泥土的想法被否定了，而显眼的灰色混凝土会让人感觉单调并显得格格不入。所以，他们把混凝土表面染上颜色，加一些辅料，并印上车辙和曲线，使之看起来像条布满痕迹的泥路。

因为，以前从未有人想过要让混凝土看起来像泥巴，所以，他们去跟混凝土制造商讨论产品。他们做了大量的抽样调查以确保达到预期效果，并使用巴士轮胎在公园里轧出车辙。

类似地，为了避免游人进入特定区域的栅栏也被反复斟酌，钢铁或者竹木做成的围栏会给游客带来隔阂感。"我们可以用断壁残垣、一棵倒了的大树、一辆废弃的吉普，这些东西都能用作屏障。"另一位设计师 Larsen 说："一些最困难的问题，最后我们却处理得丝毫不露痕迹。"

迪士尼乐园的设计完全考虑到了游客的需要，不论是行走路线的方便快捷，还是心理上的密切而无隔阂，他们都十分细心地做了最完美的处理，真正把游客当成了上帝。哪怕最微小的地方，他们也认真负责地解决了。对待工作和客户如此地负责，迪士尼的成功自然也就没有什么意外了。

现代社会商品以及各种服务已经非常丰富，除了一些垄断行业，顾客基本上拥有自主选择的能力。过去物资匮乏的年代，买什么都要凭票供应，顾客没办法选择。而现在的顾客，往往会货比三家，比质量、比服务，你不能让他称心如意，他是不会在你这里浪费一毛钱的。所以，如何赢得顾客的青睐，是任何一个企业都不敢忽视的问题，从很大程度上来讲，顾客决定着企业的发展前景，间接或者直接地影响着员工的利益。

员工如果能够做到对工作认真负责，无论大事小事都能为顾客着想，热情主动地帮助顾客解决问题，那么他的收获绝对不止是赢得了这一个客户。美国著名推销员乔·吉拉德在商战中总结出了"250定律"。他认为每一位顾客身后，大体有250名亲朋好友。如果你赢得了一位顾客的好感，就意味着赢得了250个人的好感；反之，如果你得罪了一名顾客，也就意味着得罪了250名顾客。

只要员工能够本着认真负责的态度对待顾客眼中的小事，把它当作自己工作中的大事积极主动地去解决，那么成功就可能会不期而至。反之，如果对待顾客遇到的事情不以为然，总是强调："不就是这么一件小事吗？""有什么大惊小怪的，这种事情我见得多了！很正常。"敷衍你的客户，最终你将尝到自己亲手种下的苦果。

中国橱柜业中的领军人物欧派老总姚良松，由经营医疗器械起家，由一个穷学生历尽艰辛闯出了一片天地。在其事业的发展过程中，曾发生过这样的事：

有一天，医院和经销商突然纷纷退货。最着急的当然是企业的老板姚良松，他几度沉浮、历尽艰险，好不容易有点起色了，终端市场却出现了退货。

通过追查，这些不合格的产品竟然只是因为一个生产线上的工人粗心大意，他把器械的正负极装反了。这本来是非常容易纠正的问题，然而，让人没想到的是他下一道工序的工友虽然知道他安装反了，但因为事不关己，也就任其发生了，没有提醒他。就这样，产品从生产线上生产出来，后来到了客户手上，客户又退了货，最终又回到了自己的手上。

把产品的正负极装反，貌似是一件小事情，但其产生的严重后果成了一件大事，致使企业的品牌和声誉大受影响。如果医院没有发现这个问题而用在患者身上，那后果就更可怕了。那位没有及时纠正同事犯错的员工看似不值得一提，但这种对企业利益漠不关心的员工怎么会受到重用呢？

绝不能忽略工作中的任何小事。任何小事处理不好，都可能给企业造成不可挽回的损失，酿成令人惋惜的大错。对待小事认真负责，是成就大事不可缺少的基础。要想在职场中发展，就要对每一件小事认真负责，担负起自己的责任，做好自己的本职工作，把顾客眼中的小事都当成关系企业生死存亡的大事来做。

◆ 差不多就是差很多 ◆

胡适先生曾经写过一篇《差不多先生》，里面的主人公常常说："凡事只要差不多，就好了。何必太精明呢?"他小时候，把白糖当作红糖买来；上学的时候，把山西跟陕西混为一谈；做伙计记账的时候，常把"十"字当成"千"字；到后来他病得要死，家人跟他一样，把兽医王大夫当成给人治病的"汪大夫"，结果生生把他医死了。临死的时候，他还觉得其实死人跟活人也差不多。

我们读到这个故事，多半会一笑置之，把它当作一个笑话而已。其实，这种"差不多"先生，在现代职场中也不少见。有些人只管按月领饷，不问贡献，只是做一天和尚撞一天钟。比如，去参加展销会，他们觉得晚到 10 分钟跟早到 10 分钟其实差不多；一份企划方案，他们觉得旺季和淡季差不多；一份报价单，他们觉得预计 10%的利润跟 11%的利润也没多大差别……把事情做得"差不多"成了他们的行为准则。

每个企业和组织里都可能存在这样的员工，这些人有一个共同点，那就是做事不够精细，或者说责任感仍然不够强。他们每天上班迟到个三分钟五分钟，好像也不是什么大错，很少能够按时到达工作岗位开始工作；他们每天忙忙碌碌，却不愿精益求精，把工作做到位。在职场上，"差不多"先生永远只能做跑龙套的配角，而只有那些对工作做到精细到位的人才能成长为企业的中坚力量、得到重用。

野田圣子曾经在日本东京帝国饭店打工，她的第一份差事是清洗这家饭店的厕所。

圣子从小没干过家务又特别爱干净。因此，在洗厕所时她实在难以忍受那种气味，尤其是用她细嫩柔滑的手拿着抹布去擦拭马桶时，近距离地接触让她胃里翻搅，几乎要呕吐出来。

圣子哭过，她几次想放弃，然而好胜心又驱使她坚持下去。

这时，有一位前辈出现了，他看出了圣子的烦恼。于是，他没有多说一句话，而是给圣子做起了示范：他一遍一遍地刷着马桶，不放过任何一个角落，他对马桶的专注就像是对待初恋情人一样，这让圣子非常惊讶。

这位前辈的清洁工作完成之后，从马桶里盛了一杯水，然后毫不迟疑地一饮而尽。这个举动让圣子彻底震惊了。他告诉圣子，这就是"光洁如新"，新马桶里的水自然是干净的，所以只有马桶的水达到可以喝的洁净程度，才是真的把马桶抹洗得"光洁如新"，而不是差不多干净了就行了。

从此，圣子认识到工作本身并无贵贱，责任的真谛就是把每一个细节、每一件小事情都做到位、做到极致。

后来，饭店的高管来验收圣子的工作时，圣子在众人面前舀起了一杯马桶里的水喝了下去。圣子大学毕业后，顺利地进入帝国饭店工作，还成为该饭店最出色的员工。

圣子在 37 岁时步入政坛，在小泉首相的任内被任命为日本内阁的邮政大臣，而她总是以帝国饭店时的工作为荣，在对外自我介绍时，总会说："我是最敬业的厕所清洁工，也是最忠于职守的内阁大臣。"

每个人的职业道路都要靠自己来走，要留下自己不可磨灭的脚印到达成功的终点。这一切，不是靠你的高学历，也不是靠你显赫的家世，而是靠你对工作负责敬业的态度。只有不满足于把事情做到差不多，而是用十二分的责任感对待十分的工作，把工作做到极致，你才能成为职场上令人瞩目的风景。

"差不多"的工作态度是不负责任的表现，其结果是工作马马虎虎，敷衍了事。"差不多"说明的问题不在于"不多"，而是"差"，就是没有做到位。持有"差不多就行，何必太认真呢？"这种工作态度的员工不仅使自己的工作做不到位，还会阻碍企业的发展。

"差不多"，其实差得很多。竞技场上，冠军与亚军的区别，有时候小到肉眼无法判断。比如短跑，第一名与第二名有时可能相差 0.01秒；又比如篮球比赛，胜利者和失败者有时候仅仅是一分之差。然而，冠军与亚军所获得的荣誉与财富却有天壤之别，全世界的目光只会聚焦在冠军身上。

有一天，著名雕塑家米查尔·安格鲁在他的工作室中向一位参观者解释，他一直在忙于上次这位客人参观过的那尊雕像的完善工作。他告诉参观者自己在哪些地方润了色，使那儿变得更加光彩，怎样使面部表情更柔和，使嘴唇更富有表情，去掉了哪些多余的线条使那块肌肉显得更强健有力，使全身显得更有力度。

那位参观者听了不禁说道："但这些都是些琐碎之处，不大引人注目啊！"雕塑家回答道："一件完美作品的细小之处可不是件小事情啊！"正是对细节和小事做到极致，才成就了这位伟大的艺术家。

无独有偶。画家尼切莱斯·鲍森画画有一条准则，即把细节都做到位，追求极致。他的朋友马韦尔在他晚年曾问他，为什么他能在意大利画坛获得如此高的声誉？鲍森回答道："因为我从未忽视过任何细节，我总是用做大事的心态去对待身边的每件事情。"

有的人每天擦六遍桌子，他一定会始终如一地做下去；但有的人一开始会按要求擦六遍，慢慢地他就会觉得五遍、四遍也可以，最后索性不擦了。每天工作欠缺一点，天长日久就成为落后的顽症。这句话道出了职场上那些失败者失败的原因，值得我们职场上的每一个人警醒。

在职场上，这种"差不多"的心态要不得。每个人都要在工作中不折不扣地尽到自己的责任，不能满足于"差不多"，哪怕只差一点点，也是对工作的不负责任。因为说不定哪一天，这一点点就会变成压垮骆驼的最后那根稻草，使我们与成功失之交臂。所以，坚决不要做"差不多"先生，要做就做"精益求精"的"完美"先生。

第九章

在责任面前要超越：
自动自发工作，超越自身职责

超越责任，就是超越平庸；超越平庸就是选择完美。
工作没有分内分外之分，只有超越自己的责任，
自动自发地工作，才能做出更大、更强的业绩，
才能在职场中，用"责任"的大桨扬帆远航。

◆ 干工作，不分分内分外 ◆

有些人满足于把老板交代的事情办好，把自己分内的事情办好，认为这样就是一个优秀的员工了。其实，做好自己的分内工作是一个职员应该承担的基本责任，但要想超越责任做到卓越，仅仅满足于承担分内的责任是不够的。

在职场中工作，不要把老板交给自己的任务作为标尺，否则会限制了自己的主动性和积极性，把自己关在"分内"的牢笼里，这样既不利于自己的成长进步，也不利于企业的发展壮大。

任何一个有进取心的人，都不会介意在做好自己分内事情的同时，尽自己所能每天多做一些分外的事情。一个优秀的员工，只要与工作相关，只要事关公司利益，无论是分内的还是分外的工作，都会努力做好，从不去计较自己额外的工作会不会得到相应的报酬。然而，付出总有回报，他们多做了一些事，多给公司创造了效益，最终他们会得到比他人更多的成功机会。

邢志东刚刚毕业就来到一家机械加工厂工作，他的任务是制图。但他常常在完成了自己的制图工作之后去车间做些力所能及的事情，以争取尽快地熟悉整个生产工艺和流程。

工作了一个月之后，他发现压铸车间生产的产品存在一些微小的瑕疵：很多铸件内部存在小米粒大小的气泡。如果不加以改进的话，客户很快就会因发现这些瑕疵而大量退货，这样工厂将会有很大的损失。

于是，他找到了负责操作压铸机的工人，向他指出了问题。这位工人却说，自己是严格按照工程师要求的规范动作操作的，如果是压铸技术有问题，工程师一定会跟自己说的。但是现在还没有哪一位工程师质疑他的操作技术，所以他认为自己的工作是不存在任何问题的。

邢志东只好又找到了负责技术的工程师，对工程师提出了他发现的问题。工程师很自信地说："我们的技术是经过专家指导和多次试验的，怎么可能会有这样的问题？"工程师并没有重视他说的话，转而就把这件事抛到了脑后。

但是邢志东认为这是个严重的问题，于是拿着有气泡的产品找到了公司的总工程师，结果总工程师只看了一眼，就发现了问题。但是，他考虑了一会儿，也没想出到底是哪里出了问题。于是，他请邢志东跟他一起检查一下整个生产流程。

总工程师带着邢志东来到车间，从原料冶炼开始检查，最后发现，原来是压铸机的一段液压油管有渗漏的现象，从而导致压力下降，产品内部出现了微小的气泡。更换了油管之后，产品果然没有瑕疵了。

经过这件事情之后，总工程师马上提拔邢志东做了自己的助手。从一个小小的制图员一下子成了厂里的骨干人员，有些人觉得邢志东不就是发现了一个气泡吗？用得着这么小题大做吗？结果总工程师不无感慨地说："我们公司并不缺少工程师，更不缺少制图员，但是我们缺少的是主动去做分外工作的员工。邢志东在完成自己的本职工作以外，还能发现产品问题，这个问题连本应该负责技术监督的工程师都没有发现。对于一个企业来讲，能主动承担分外事情的人才，是值得我们大力培养的。"

但凡有大成就的人，都存在着一个共同的特点，那就是拥有强烈的责任感，不仅不满足于仅仅做好自己的本职工作，还总是积极主动地去承担起更多分外的事情。正是因为有了这种责任感，他们的能力才会得到快速提高，他们发挥自己才能的平台也不断得到扩展。这些能够主动承担更多责任的人，也必然能够成为组织欢迎的人，在工作中获得更多的发展机会。

能力永远需要责任来承载，只有主动承担责任，才华才能够更完美地展现，能力才能更快地提升，才能赢取更多的发展机会。如果你是一块金子，那么只有承担更多的责任，才能磨砺出更耀眼的光芒。

雅雯在一家外企担任文秘工作，她的日常工作就是重复地整理、撰写和打印一些材料，枯燥而乏味。但是，雅雯还是很认真地对待自己的工作，丝毫没有掉以轻心，也没有觉得这份工作没有任何乐趣和前途。

雅雯由于整天接触公司的各种重要文件，她就有意识地关注自己工作以外的事情。后来她发现公司在一些运作方面存在着问题。于是，除了完成每日必须要做的工作，雅雯还开始搜集关于公司操作流程方面的资料，并作出了一份更加合理完美的操作流程建议提交给了老板。

老板详细地看了一遍这份材料后，对这个建议非常地赞赏，并很快在公司里实行。结果发现，这一流程大大提高了公司的运作效率，同事们对雅雯也是刮目相看。

不到一年的时间，雅雯就被任命为老板的助理。遇到什么大的事情，老板总会征询雅雯的意见，并让她参与决策，对她十分倚重。

责任感是最能激发个人潜在能力的灵丹妙药，责任感也最能帮助人们培养克服困难的勇气和解决问题的能力，使人不断地挑战自我，积极主动地开展工作，出色地完成各项工作任务，给自己创造更广阔的职场空间。

在某些员工的印象里，工作好像有分内和分外的差别，他们满足于做好自己的分内之事，分外的事情从来都是"事不关己，高高挂起"。其实，工作责任是没有严格界限的。

真正负责任的员工总是善于承担分外的事情，他们认为这是自己该做的，自己有义务为团队贡献更多的力量。正是这种责任感，成就了他们努力拼搏的进取心与积极高涨的工作热情。在老板眼中，这样的员工是物超所值的，所以当更多的机会来临时，老板是不吝于优先考虑他们的。所以，在职场上行走，要勇于承担分外的工作，让金子的光芒更加耀眼，从而照亮自己的职场成功之路。

◆━ 主动进取，超过老板的期望 ◆━

有这样一种常见的现象：不少员工都把老板放在了与自己相对的位置上，将工作和酬劳算计得一清二楚、明明白白，拿多少薪水就做多少事，不愿多付出一丝努力，不愿多承担一点儿责任，做一天和尚撞一天钟，从来不会给老板带来一点"惊喜"。

每名员工在团队中都承担着一定的工作。作为团队中的一员，应该想方设法地为团队多出一点力，多创造效益，成为团队中不可或缺的人才。只有做事超过老板的预期，才能得到老板的欣赏和团队的认可。如果对工作只是敷衍应付或者仅仅满足于做好分内之事，那么，由于你对团队的贡献不算大，因而也就算不上是不可替代的员工。

企业要生存发展需要靠员工不断地创造效益，需要团队成员之间团结协作。每个人都要竭尽全力为团队贡献自己的力量，只有整个企业发展了，个人才能得到更好地发展。

有一个女孩，名叫张春丽，她19岁那年因家境贫寒而放弃了上大学的机会。为了改变家庭的经济状况，她只身前往深圳，投靠在深圳打工的表哥，成为中显微电子公司的一名普通女工。

张春丽是个不服输、不甘人后的女孩，她从走上流水线的第一天起，就暗暗告诉自己："过去不能改变，但一定要努力改变现状。""要做就做到最好，在什么岗位都要超过领导的期望！"她希望用自己的勤奋和责任，赢得更广阔的发展空间，从而改变自己的命运。

她非常珍惜自己的工作机会，从没有因为自己从事的是一种简单劳动而放松自我要求。她用最短的时间掌握了流水线岗位的操作技能，遇到脏活、累活、苦活，总是不等领导吩咐就主动承担，总是抢在同事们的前头。很快，张春丽吃苦耐劳、认真负责的工作态度，得到了公司领导和同事的认可。工作一年后，领导将其从生产流水线调入人事部门，实现了她职场上第一次"鲤鱼跳龙门"。

张春丽刚上任时，为了尽快适应岗位的需要，她每天都要加班到凌晨。她经常虚心地向同事和领导请教，前任主管时常在深夜还要被她电话"骚扰"。不久，她发现公司的薪酬制度不够完善，导致某些员工浑水摸鱼。于是，她编制完善了新的公司薪酬管理制度，重新建立了适应公司运营的薪酬体系；另外，她还根据公司运作的要求和外部市场行情，制订了对骨干员工的中长期激励计划。

新的薪酬体系有效地打破了该企业原来存在的平均主义大锅饭的单一分配体制，既照顾到了公司内部薪酬的阶梯性，让员工看到了希望，得到了激励，又保证了薪资水平的对外竞争优势。因此，这项制度在公司当年的职工代表大会上获得一致通过，并在一年的实施中取得了明显的成效，给整个企业带来了可喜的变化，创造了巨大的效益。这让老板非常惊喜，从此对她更加信任和器重了。

张春丽的成功，在于她能在自己的岗位上作出超出岗位职责的业绩，总是能超出老板的期望，给老板带来一个个惊喜。所以，当她为公司作出了巨大贡献的时候，她自己也赢得了先机和主动。

身在职场，绝不能做"按钮式"的员工，满足于老板安排做什么就做什么，老板要求做到什么程度就做到什么程度。真正聪明且有责任心的人，总是用比老板的要求更加严格的标准来要求自己。老板要他完成某项工作，他会比老板期望的做得更好，每次工作都给老板一个惊喜。这样的人，往往都能够成为老板眼中有价值、有含金量的员工。当然，老板在适当的时候也会回报给他同样的惊喜。

某大型贸易公司要招聘一名员工，公司的人力资源部主管对应聘者进行了面试。他提出了一个看似很简单的选择题：

天气非常干旱，老板安排你挑水上山一趟，去浇公司种下的果树，如果一次挑两桶水，你虽然能够做到，不过会非常吃力、非常劳累。如果只挑一桶水上山，你会很轻松地完成任务。你会选哪一个？

许多人都选了第二个。

这时，人力资源部主管问道："虽然老板没有要求你一定要挑两桶水，但是既然你能挑两桶，干吗只挑一桶呢？你只挑一桶水上山，能够缓解果树的旱情吗？"很遗憾，许多人都没有想过这个问题，他们最终也没能通过面试。

人力资源部主管这样解释："一个人有能力或通过努力就能够做好超出自己责任的工作，可他却不想这么做，这样的人责任意识比较淡薄，不能为企业带来最大的效益。我们希望自己的员工都具有强烈的责任心，做出超出责任范围的业绩来。"

在任何一家企业，老板器重的都是那些能够做出不断超出他期望的业绩的员工，那些员工能够为企业带来更大的利益，能够为团队带来更强的战斗力。如果你现在还没有得到老板的器重，你应当问问自己：我有没有超过老板的期望？

记住，老板在为你安排工作时，一定会充分考虑到你的能力。如果你总是能超越老板的期望，不断带给他惊喜，那么在老板的眼中，你就是一个性价比高，有能力、有责任心的员工。对于这样的员工，他除了会给你高额的回报以外，还会创造种种条件，让你有更广阔的舞台发挥才能，为你提供更宽广的展示自己的平台。

◆ 着眼全局，以团队利益为先 ◆

迈克尔·乔丹是 NBA 历史上最伟大的球员之一。他之所以伟大，并不仅仅是因为他有全面的技术和出众的个人能力；更为重要的是，他在赛场上能着眼全局，只要有利于球队的胜利，他就会毫不犹疑地去做，从不计较个人得失。可以说，正是他的这种着眼全局的精神和责任感，成就了他和芝加哥公牛队。

现代职场上，有些员工就像球场上的某些球员一样，只想着个人得分，从而突出自己，只想着吸引老板的目光成为老板眼中的红人，而缺乏大局观和团队精神。其实，如果一个员工不顾大局，没有任何责任感，在工作中只顾表现自己，凡事都片面地从自己的角度出发，不能像老板那样着眼全局去考虑问题，那么他最终只能成为一个自私自利的人。

员工应该顾全大局，像老板一样思考问题，以团队的利益为先，不要把目光局限在自己的岗位责任上。只要有利于团队利益的事情，就要毫不迟疑地去做，哪怕自己会暂时为此吃点亏，或者受点委屈。其实从长远来看，你的超越责任的全局观，能使整个团队获得更大的成功，而团队成功是个人成功的前提和保障。

　　从某偏远山区进城打工的小姑娘王慧，由于学历不高，又没有什么特殊技能，于是选择了饭店服务员这个职业。在常人看来，这也许是一个最简单、最没有技术含量的职业，只要手脚勤快就可以了。王慧所在的饭店，有许多服务员已经在那里做了好几年，她们每天就是刷刷盘子、洗洗碗，客人来了不咸不淡地招呼一下，很少有人会认真投入这份工作。因为这看起来实在没有什么需要投入的，它也不像一份正儿八经的事业。

　　可王慧并不这么想，她一开始就表现出了极大的责任感，并且把饭店当成自己经营的事业来用心工作，处处站在老板的角度想问题。她以极大的热情投入工作，半个月之后，她不但能熟悉常来的客人，而且基本了解了他们的口味。只要这些客人光顾，她总是能够迅速热情地打招呼，并且协助客人点出他们喜欢的菜品，这一点赢得了顾客们的交口称赞。显然，她也为饭店增加了不少收益，饭店的生意明显比以前红火了许多。

　　由于王慧热情周到的服务，很多顾客都成了这家饭店的回头客，他们不仅自己光顾，还经常介绍朋友们过来。有时候，王慧要同时招待几桌的客人，却依然井井有条，一点都不手忙脚乱。

　　饭店的生意日益红火，老板自然明白是谁的功劳。在老板决定开一家分店的时候，明确地提出跟她合作，希望她作为分店的实际负责人，资金全部由老板出，而她将获得新店 30% 的股份。

现在，王慧早已不再是给老板打工的山村小姑娘，而成为了一家大型连锁餐饮企业的老板。

在现实工作中，有些员工只关注个人利益，只从个人角度考虑问题，很少能够着眼全局，用老板的眼光和思路对待工作。这样的做法其实很片面，因为把自己局限在打工仔的身份上，就会导致情绪消极，给企业和个人发展带来不利影响。想在职场上获得质的飞跃，就需要和老板进行"换位思考"，把整个企业放在自己的责任范围之内，以促进整个团队的共同发展。只有这样，才能全心全意地做好每件事。

有些人抱着"反正整个团队的事情有老板操心，我只要做好自己的事情就行了"的思想，来对待自己的工作。其实，忽略全局，只盯着自己一亩三分地的岗位责任，就脱离了整个团队，是很难做出卓越成绩的。很多情况下，我们需要和老板进行"换位思考"，试着站在老板的角度去思考问题，只有站得高才能看得远，也只有这样我们的工作才更有前瞻性和指导性，我们才会成长得更快。

着眼全局，像老板一样思考，树立这种主人翁意识，并不是说所有人都可以成为老板，而是说员工要想在职场上发展，就要把工作当成事业来做，要有大局观，有团队精神。要知道，我们的工作并不是单纯地为了自己当老板，我们既是在为自己的饭碗工作，也是在为实现自己的人生价值工作。

　　老托马斯·沃特有一次在一个寒风凛冽、阴雨连绵的下午主持 IBM 的销售会议。老沃特在会上首先介绍了当时的销售情况，分析了市场面临的种种困难。会议从中午一直持续到黄昏，一直都是托马斯·沃特一个人在说，其他人则显得烦躁不安，气氛沉闷。

　　面对这种情况，老沃特缄默了 10 秒钟，待大家突然发现这个十分安静的情形有点不对劲的时候，他对大家说："我们缺少的是对全局的思考，别忘了，我们都是靠工作赚得薪水的，公司不仅仅是老板的，我们必须把公司的问题当成自己的问题来思考。"之后，他要求在场的人都开动脑筋，每人提出一个建议。实在没有什么建议的，可以对别人提出的问题加以归纳总结，阐述自己的看法和观点，否则不得离开会场。

　　结果，这次会议取得了很大的成功，员工们纷纷发言，站在老板的角度上思考问题，许多存在已久的问题被提了出来，并找到了相应的解决办法。

　　有些员工的态度十分明确："我是不可能永远给老板打工的。打工只是我成长的过程，当老板才是我成长的目的。"这是一种值得敬佩的创业激情，但是毫无疑问，作为一名员工，如果你不能着眼全局，不能站在老板的角度思考问题，那么当你真正做了老板的时候，你依然会欠缺这种大局观和团队精神。这些东西不是一个老板的身份能一夜之间赋予你的，而必须在你平时的工作中培养和积累。

　　工作中，无论你是普通员工还是高级主管，你都不可能在没有团队其他成员支持和帮助的情况下独立完成全部任务。如果你不顾大局，没有一点团队责任感，那么你只能停留在打工仔的认知水平和能力上，永远也不可能实现职场上的真正飞跃。所以，为了团队的整体利益，为了自己未来的发展，要努力培养自己的团队精神与责任感，要学会站在老板的角度上思考问题。

◆ 通过学习为自己增值 ◆

在职场中，每个人都在努力提高自己，以适应不断变化发展的职场环境，提高自己的竞争力，使自己在职场的激流中站得更稳，使自己在团队中的作用日渐重要。不断学习进步是我们在职场上生存发展的基本技能之一。

在工作中，每一名员工都应当自觉地学习新知识、掌握新技术，不断提升个人的工作能力，让自己更好地面对复杂和困难的局面，解决工作中出现的各种新问题。这是对企业的负责，也是对工作的负责，只有不断学习进步，才能胜任岗位的新变化和新要求，为企业和团队做出应有的贡献。

卡莉·费奥瑞娜女士是惠普公司前董事长兼首席执行官，她曾说："一个首席执行官成功的最起码的要素就是要不断学习。"她是这样说的，也是这样做的。

卡莉·费奥瑞娜的职业生涯是从秘书工作开始干起的，法律、历史和哲学方面的知识她都曾经学过，但这些并不是卡莉·费奥瑞娜最终成为首席执行官的重要条件，因为做惠普的首席执行官不懂技术是说不过去的，这些都需要通过学习来掌握。

在惠普，并不是只有卡莉·费奥瑞娜自己需要在工作中不断学习，整个惠普都有激励员工学习的机制，惠普的员工每过一段日子就坐在一起作一次相互交流学习，以此来相互了解对方和整个公司的动态，了解业界的新动向。

最初，卡莉·费奥瑞娜也做过一些不起眼的工作，可是她无论做什么工作，都严格要求自己不断地学习进步。在这些岗位上，卡莉·费奥瑞娜以最大的热情和责任心在工作中最大限度地学习新的知识和技能。她不断地总结工作中的经验，对于新的环境和层出不穷的变化要不断地学会适应，不断总结过去的工作方法和效率，以便找出更佳的工作方法。卡莉·费奥瑞娜正是通过不断地努力学习，保证了自己紧紧与时代共进的步伐，并在工作中找到了充实自己、不断提升自身才能的方法。

卡莉·费奥瑞娜不是学习技术出身，在惠普这样的一家以技术创新领先于世界的公司中，她正是通过自己坚持不断地学习才能迅速有效地提升自我价值，并最终在人才济济的惠普公司脱颖而出，成为"全球第一女首席执行官"的。

身为一名员工，在竞争激烈的职场中，就如逆水行舟，不进则退。若一名员工不能进步而只能依靠吃老本，不愿意主动替自己"充电"，不断提高自己的价值，那么他随时都有可能被淘汰。所以，不断学习是在对自己负责，只有不断增强自己的竞争优势，善于从解决问题中学到新本领，才能逐渐走向卓越。

我们在工作中，每天都会遇到新情况、接受新挑战、面对新事物，只有天天学习，才能天天进步，能力才会不断提升，个人才能不断"增值"。每一个员工都应该把学习作为自己的责任之一，只有不断提高自己的能力，才能为团队、为企业作出更大的贡献，才能创造自己职业生涯的辉煌。

在工作中学习是非常有效的提高个人能力的方式，工作中遇到的所有的难题都可以成为"突破口"，解决问题的过程就是收获知识和技能的过程，慢慢地总结经验教训，工作能力就能得到大幅度的提升。

某企业有一名年轻的博士，对工作非常负责任，也为公司创造了巨大的效益。老板对他非常赏识，第一年就把他提拔为项目组负责人，第二年又提拔他为部门经理。

然而，当上部门经理以后，他似乎就满足于现状了。他想，就这样一直拿着高薪，待到退休似乎也不错。他在部门经理的职位上干了将近一年的时间，却没有一点像样的成绩。朋友善意地提醒他："应该上进一点了，没有业绩是危险的。你看别人都在进步，小心被同事超越了。"

没想到，他竟然说："我是公司里唯一的博士，别人再努力也赶不上我的。"

的确，他的文凭是公司里最高的，但是公司更看重的还是实际能力。别人都在进步，只有他还在原地踏步。又过了半年，公司里很多同事业绩都超过了他，而他毫不在意。终于，他接到了老板降职的通知。

一个人的工作能力是随着不断地努力学习得以提升的，无论现在的你处在什么职位或者哪个职业阶段，都必须坚持学习。即便你原本就有突出的能力，并且做出过出色的业绩，但一旦丧失了责任感和上进心，故步自封、满足现状、不思进取，最后也会被淘汰。

曾经有位记者问李嘉诚，从一个打工青年到拥有如此巨大的商业王国，靠的是什么？李嘉诚回答他："依靠知识"。有位外商也曾经问过李嘉诚："李先生，您成功靠什么？"李嘉诚毫不犹豫地回答："靠学习，不断地学习。"

现代职场上如逆水行舟，不管你现在从事的是哪种行业，如果不能不断地学习进步，就意味着你将丧失续航的能力，意味着你将逐渐被掌握更多新知识和拥有新技能的人所取代。在激烈的职场竞争中，只有不断提升自我的人，才能具有高能力、高素质，才能不断获得并拓展生存空间。

在职场中生存，允许你没有高学历，也允许你在工作之初没有出色的能力，但绝不允许没有责任感，绝不允许在工作中贪图安逸，不思进取。因为学历和经历仅仅代表过去，唯有不断学习进步才能赢得未来。

"活到老，学到老。"这句古训应该被拿来作为自己行走职场的座右铭，只有不断学习进步，掌握新知识新技能，不断提高自己的职业水平，才能保持自己的竞争优势，保证事业之树常青。

◆ 责任心决定着你的成就 ◆

英国首相温斯顿·丘吉尔曾说："伟大的代价就是责任。"在政坛上如此，在职场上亦如此。可以说，一个人只有表现出高度负责的精神，才会赢得老板的赏识和重用，员工担当的责任愈大，取得的成功也就愈大。

如今，有些员工并没有完全认识到这一点，有些人甚至将老板放在和自己对立的位置上，在工作中不愿多付出一丝努力，不愿多做一丁点儿事情，不愿意多承担一点儿责任。他们错误地认为，多承担责任只会"便宜"了老板，而不会为自己带来什么，自己只是白白"吃亏"。

其实，真正有责任心的员工不会怀有这样的想法，他们只会想到自己应当多承担一些责任。多承担责任不是犯傻，而是对老板和自己都有利的做法。很多人可能只看到了成功人士风光无限的一面，却不清楚他们为此担负了比他人更多的责任，付出了更多的努力和代价，才换来了今天的荣耀。

有两个年轻人，小王和小张，大学毕业后他们同时进入一家民营企业工作。小王分在广告设计部门，小张则被安排在财务部门。

刚开始的时候，两个人的工作表现没有太大的差别，因为他们毕竟都是刚刚踏入职场，工作能力是差不多的。但是小王仅仅是循规蹈矩地完成上司交给自己的任务，就死活不再做哪怕丁点儿的事情了，结果给人留下了推诿、逃避工作的坏印象。而小张则总是在完成自己的工作之后，尽量自己找事情做。因此他经常忙得不可开交，而小王则优哉游哉地过着"滋润"的日子。

有一次，小张主动去帮小王所在部门的一名员工去整理宣传材料，小王趁同事不注意的时候嘲笑小张："你真是个二百五，我跟他在一个部门都不帮他，你瞎操什么心啊？你多干了这么多活，有什么用，工资还不是跟我一样，整天累得要死，你图什么啊？缺心眼！"然而，小张只是笑笑，依旧主动做着他力所能及的事情。

半年之后，整个公司进行工作考核，小张的业绩大家都非常满意，在考虑培养新的干部的时候就连其他部门的很多员工都纷纷找到主管推荐小张。这让主管大为惊讶，于是他详细了解了小张平时的工作情况，果断地提拔他做了自己的副手。而小王因为平时总是只做自己手头上的事情，不肯多承担一点点责任，结果同事们对他都有意见，主管就很干脆地把他辞退了。

一个人能做出多大的事业，往往取决于他有多大的责任心。小张在工作中愿意承担更多责任，因而获得了更多的发展机会，而小王不肯多做一点事情，结果成了企业里多余的人。这就说明，一个人承担的责任越多，他的价值也就越大，得到的回报也就越多。反之，老板就会觉得这个员工价值不大，不会重视他，既然他不愿意承担更多的责任，那么有他没他都一样，那还养着这样的"废物"干吗呢？

所以，我们每个人都要警惕，不要让自己成为不能承担更多责任的"废物"而因此被老板扫地出门。在完成好本职工作后，问问自己："我还能承担什么责任？"然后，积极主动地为自己找事做，表现出自己拥有更高的价值，这样也会为自己带来更多的发展机会。

某天，艾伦所在公司的某位主管突然病了，丢下了一大堆没有处理完的事情进了医院。老板已经跟几个部门经理谈过这件事情了，想让他们暂时接管那个部门的工作，可他们都以手中的工作非常忙或者对那个部门的业务一点都不了解为由推辞掉了。

于是，老板问艾伦是否能够暂时接管这一工作。其实，艾伦也十分忙，尽管有些为难，但是他认为老板既然让自己承担这个责任，就是认为自己能够胜任，自己不过就是更加劳累一些罢了。因此，他当即接管了那个部门的工作。

整整一个月的时间，艾伦都忙得没有时间歇口气。但是，艾伦最终很好地承担起了这份责任，把自己的部门跟那个部门的事情都处理得井井有条。后来那位主管回来了，对艾伦非常地感谢，并且极力在老板面前夸奖艾伦对公司有责任心。

后来，老板要去开拓其他业务，就毫不犹豫地提拔艾伦做了总经理，全权负责原公司的一切事务。

很多时候，领导把你责任之外的任务交代给你，就代表领导器重你。这时候，千万不要推脱埋怨，这是一个不可多得的机会。如果你能达到老板的要求，相信你的分量就会在领导的心里加重；如果你用这样那样的借口拒绝承担，那么你在领导心里的印象就会一落千丈，即使有了升职加薪的机会，你还能指望他留给你吗？

当然，一个人担负的责任愈大，那么也就意味着付出就会愈多，这也是许多人不愿意担负更多责任的主要原因。还有一些员工，对自己的能力不自信，总觉得自己胜任不了。其实，人是在锻炼中成长的，只有不断承担更多的责任，才能不断地超越自我，提升自己的价值，使自己逐渐胜任更多的工作。

美国前总统肯尼迪有一句名言："不要问国家能为我们做些什么，而要问我们能为国家做些什么。"作为一名员工，我们也要明白同样的道理，要想着我们能为企业多承担一些什么，只有这样，才能更快地提高自己的职业能力，在机遇到来的时候才能不让它溜走。